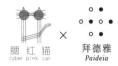

腮红猫
cyber pink cat

×

拜德雅
Paideia

U0281726

人类纪里的艺术

斯蒂格勒中国美院讲座

[法] 贝尔纳·斯蒂格勒（Bernard Stiegler）　著

陆兴华　许　煜　译

重庆大学出版社

　　腮（cyber）红（pink）猫（cat），一只被美图 App 处理过的萌宠，是网络无名的表象。我们不迷信表象之下还有真实，但求发掘表象本身的厚度和张力。

　　腮红猫丛书，既处理数码时代网络社会的技术物质，也分析网络文化的美学、新媒体社群关系，更是对人类纪理论之偏离和更新。"腮红猫"是当下人类生存状态的集线器。

　　丛书下设三个系列：

　　猫腻媒体：聚焦媒体理论，媒体必然包含猫腻，媒体就建立在人类的猫腻（漏洞）之上；腻作为动词也正指出人类与媒体、媒介的关系。

　　猫在社会：从社会学的角度回应网络社会遭遇的范式转换，试图以另类／另立的视角反观社会现实。社会被技术力量重新塑造，新政治、新经济、新社会亟待新的自我理解。

　　猫玩技术：从哲学的角度反思技术，确切说来是从技术角度反思哲学中人类中心主义和形而上的顽疾。与其说用哲学来研究技术，不如说哲学（对存在的发问）就是人与技术互动的产物。

中国美术学院　跨媒体艺术学院　网络社会研究所

目 录

写在前面的话

　　贝尔纳·斯蒂格勒是当今法国文化、艺术界最活跃的人物之一。他的研究跨越经济学、哲学和艺术等多个领域，被誉为"德里达的接班人"，但他自己却并不认可这样的说法。他的代表作《技术与时间》三卷本，"重新确立了技术在哲学领域的地位"。同时，他还担任法国蓬皮杜艺术中心的文化发展总监，致力于从"技术"中发展出当代文化艺术和政治的新机遇。

　　斯蒂格勒是一个极具个人调性的哲学家，其工作区域远远跨出传统的欧陆哲学范围，在技术、媒体和艺术研究方面独辟蹊径。他提出了"技术就是人"这一纲领性准则，这一立场展示出了他与海德格尔等哲学前辈的巨大分野。近年来，他重新反思弗洛伊德、胡塞尔、海德格尔、西蒙东、德里达、马尔库塞和利奥塔的思想，对新技术、新媒体、新农业、新工业和新艺术提出了一整套激进理论。斯蒂格勒对教育、金融、消费、互联网、转基因、新农业、审美苦难、新媒体毒性等问题的研究，使其成了目前媒体研究领域最重要的作者。

这本小册子囊括了斯蒂格勒教授受中国美术学院跨媒体艺术学院、视觉中国研究院，以及同济大学欧洲文化研究院的邀请，于2015年2月26日至3月4日和2016年3月17日至20日，两次访问中国美术学院所作的关于数码时代普遍无产化状况下的审美判断（第一部分）和元电影、书写、屏幕与欲望之间的关系（第二部分）的系列讲座；以及2015年3月6日在南京大学所作的关于如何克服我们身处其中的"人类纪"的讲座发言（附录）。我们邀请陆兴华教授与许煜博士将斯蒂格勒教授的讲稿翻译为中文（其中，第一部分和附录由陆兴华翻译、许煜审校，第二部分由许煜翻译），并以许煜的《哲学作为武器》作为前言（由此可概览斯蒂格勒的哲学全貌），以陆兴华在接触斯蒂格勒之后的思考和工作《克服技术-书写的毒性》为导论。几场讲座中既包含斯蒂格勒最新鲜的思考与批判，又牵引出他庞大深厚的哲学框架和系统。本书意在进一步扩展国内学人对斯蒂格勒的理解（目前国内只出版了他的《技术与时间》三卷本），进而增强观察和批判中国当下的网络社会新状况的武器。

哲学作为武器

许 煜

2008年我在伦敦邂逅贝尔纳·斯蒂格勒，几个月后他邀请我到他在巴黎组织的一个研讨会上演讲。自此之后的几年，我们进行了很多合作，包括他作为我的博士论文导师。斯蒂格勒是一位传奇式的哲学学者。在大学的哲学系有很多哲学老师，但他们往往只生活在一个系统化的哲学知识的框架里，往往争论的是哲学史的问题，而不是哲学甚至生命本身的问题。斯蒂格勒很迟才开始学习哲学，而他正式学习哲学则是在监狱里。1978至1983年，斯蒂格勒因为抢劫银行，被判入狱五年。在此之前，他在图卢兹开了一家爵士酒吧。服刑期间，他开始学习哲学，后来在德里达的指导下完成博士论文。他历任法国国立视听中心 (INA) 和声学与音乐研究中心 (IRCAM) 的主任，现在则是创新与研究所 (IRI) 的主任。2010年斯蒂格勒在法国中部小镇埃皮纳伊莱弗勒里耶成立自己的哲学学校。

1. 存在与生成

2003年，斯蒂格勒在一个讲座中回想这段经历，这可能也是他第一次公开地诉说这段历史。[1]我们可以想象他当时的生活。每天起床读马拉美，听收音机，开始阅读及反思哲学，也在这段时间通过对柏拉图的阅读发展出"错失"(défaut)的概念。在这段平静的生活中，他找到了一种"自由"，他开始害怕亲友的探访，因为这些探访让他想起外面的世界，这在滋扰着他的宁静。如果我们细想，这正是现象学所说的悬置(époché)，如胡塞尔所言，将所有的偏见悬置，我们才能逐渐地由一个超越的自我的角度观察现象，并将其作为所有科学的基础。海德格尔在1927年出版的《存在与时间》中便将悬置应用于存在分析，亦即怎样从众人纷扰的世界(das Man)回到真实的自我。狱中的环境便像一种天然的悬置(epoché)，将自我的"本真性"(Eigentlichkeit)显露出来。然而这始终不是"自由"，而是一种脆弱的存在，一种蔑视众人的存在。最后，斯蒂格勒并没有成为海德格尔的信徒，相反，在他的写作中他认为海德格尔因为没有真正地处理技术的问题，所以他无法真正处理存在的问题。海德格尔指出，西方两千多年的形而上学忘记了存在(Sein)的问题，而只专注于"存在物"(Seiendes)的研究，现代科技(有别于技术和科学)正是这种形而上学的最高体现。在著名的《技术的追问》中，海德格尔指出现代科技的最大问题是它形成了一种形而上的框架(Gestell)，而人和自然则变成了可随时被剥削和利用的储备(Bestand)。斯蒂格勒则批评海德格尔忘记了忘记，这第二个忘记

---

1 Bernard Stiegler, *Passer à l'acte*, Paris: Galilée, 2003.

便是爱比米修斯的过失。

在《技术与时间 (卷一) : 爱比米修斯的过失》[1]中, 斯蒂格勒重新诠释巨人普罗米修斯及爱比米修斯两兄弟的神话。普罗米修斯有一项责任就是将不同的技术分给万物, 他的兄弟爱比米修斯自荐要做这项工作, 最后由普罗米修斯检查。我们要留意爱比米修斯的名字意为 "后知后觉", 这位常常被赋予诙谐角色的巨人, 将所有的技能分给万物 (例如, 豹子跑得快, 兔子和老鼠可以轻易地钻洞) 之后, 他发现人类站在森林的中间, 赤身裸体没有羞耻地等待。他们什么技能都没有, 只有在那里等死。于是普罗米修斯从奥林匹斯山的神那里偷来了火。有了火, 人类可以忍受寒冷的长夜, 吓走饥饿的狼群和老虎。有了火, 人类开始他们漫长的文明, 一段关于技术的历史。这便是斯蒂格勒所言的 "本原的缺失" (défaut d'origin) , 也就是说, 人类一开始是没有本质的存在, 作为技术的火给了他们本质; 同时它也是必要的错失 (défauts qu'il faut) , 亦即人类之所以是人类的问题, 这也构成了 "存在" (être) 与 "生成" (devenir) 的问题。如果传统的存在论 (ontologie) 强调的是事物存在的状态, 如时空、外表、性质, 那么生成便是要对抗这种固定的结构, 而强调存在必定是一种生成。这种生成对于斯蒂格勒来说一方面是因为 "本原的缺失"; 另一方面是因为 "偶然", 技术、科技的出现近乎偶然, 而他们对生成造成的影响也几近偶然, 亦即它所造成的生成都是在预定的功能以外, 如一种满溢。

---

1 Bernard Stiegler, *La technique et le temps, tome 1. La Faute d'Epiméthée*, Paris: Galilée, 1994.

2. 时间与记忆

正是由这个神话开始，技术构成了斯蒂格勒的思想的核心，技术对他来说并不是一个哲学要处理的物件。相反，他的计划更宏大，他认为哲学问题便是技术问题。对斯蒂格勒来说没有技术（也就是没有火）便没有时间，也便没有存在。如果海德格尔尝试以时间作为存在分析的基础，那么他的分析的最大问题，便是没有将技术放在存在分析的核心，相反技术作为海德格尔所说的"本体神学"的体现，变成了存在问题的障碍。斯蒂格勒并不只是以人类学的角度去回答海德格尔，而是进入形而上学的历史。

他尝试在哲学史中找到这个"哲学的本原"，而这便在柏拉图的对话录中。在《意外的哲学思考：与阿兰·杜灵对话》（*Philosopher par accident: Entretiens avec Elie During*）中，斯蒂格勒描述了这个计划，以及自己的历程，包括作为技术工人的父亲在他小时候对他的教导，以及他对柏拉图的理解。我们可以说斯蒂格勒的批判在于对"回忆"（Anamnèse）的理解。[1]在《美诺篇》中我们读到苏格拉底与美诺的对话，亦即著名的美诺悖论。苏格拉底以他惯常的手法在路上拦截了美诺跟他讨论美德的问题，美诺这样问苏格拉底："我亲爱的苏格拉底先生，你拿我开玩笑吧。因为有两种可能。第一种可能是，你不知道美德是什么，就算我们真的找到了它（先让我们假设这是可能的），你也认不出它。也就是说，它可能就在你的眼

1　贝尔纳·斯蒂格勒，《哲学与技术》，许煜译，王舒柳校，《热风学术》，第8卷，上海：上海人民出版社，2015，289-309；贝尔纳·斯蒂格勒，《技术作为记忆》，许煜译，《新美术》，2015年06期，62-69；两篇译文均选自《意外的哲学思考：与阿兰·杜灵对话》，全书将由上海社会科学院出版社出版。

前，可你却不知道你已经找到了它。第二种可能就是，你的确认得出它，这就说明你早就知道它是什么。如此说来，你根本不用寻找它。你只是假装寻找它。"苏格拉底的解答也一样精彩，苏格拉底说："是的，我们一开始认得它，但在我们转世的过程中，我们忘记了，而现在我们便要在我们的记忆中寻找它。"我们要留意对于柏拉图来说，回忆是十分重要的，因为回忆便是知识固结 (concrétiser) 的过程，也是真理显露的条件，如果我们同意真理需要稳固的知识为基础。

然而在《斐多篇》中，我们看到另一个对话，那是关于创造书写的神图提 (Theuth) 与埃及法老塔穆斯 (Thamus) 的对话。当他们谈到书写的时候，塔穆斯说："技术的创造者本身并不能很好地判断他的发明对其他人来说是否是好的。这回，你是文字的创造者，你对它会像你对孩子的爱一样觉得它们有一些事实上不存在的素质；而你的创造将会引致学习者灵魂的失落；他们将会依赖外置的书写，而不去记得它们。"技术，是记忆的技术 (Hypomnémata，意为"失忆")，也是短路的工具，因为他们将记忆外置，而不需要再用心去记忆，亦即回忆的消失。这对于柏拉图来说是真理的隐藏。然而，斯蒂格勒想要证明的正是，记忆的技术在古希腊哲学中，至少在柏拉图的思想中，是哲学的首要问题。而这便是斯蒂格勒所说的"第三持存"，如果我们以海德格尔式的口吻来说，即西方形而上学自柏拉图之后便忽略了"第三持存"。

持存 (Retention) 一词来自斯蒂格勒对胡塞尔的《内在时间意识现象学》[1]的阅读。胡塞尔分析了两种持存。譬如说，听音乐，

1　Edmund Husserl, *Vorlesungen zur Phänomenologie des inneren Zeitbewusstseins*, Halle: Max Niemeyer Verlag, 1928. 此书是胡塞尔 1905 年的授课内容，后交由海德格尔编辑成书，迟至 1928 年才出版。

我记得一秒之前的旋律，因为这种短暂的记忆我可以感受到整首歌曲所表达的情感。但这种记忆并不持久，它是第一持存。如果明天我还记得这首歌曲的话，那即是说第一持存已转化成长久的记忆，亦即第二持存。而我们听的录音带、光盘、MP3便是第三持存。今天我们的第一持存、第二持存很明显都由第三持存所控制，如斯蒂格勒常常举的例子，十年前我们都记得父母的电话号码，但今天我们都不会记在脑海里而是储存在手机中。柏拉图批评书写，但柏拉图这个名字也是因为书写这个"第三持存"才留下来，同样斯蒂格勒在《技术与时间（卷三）：电影的时间与存在之痛的问题》[1]中指出，康德在《纯粹理性批判》中也犯了同样的错误，因为康德对于认知的三重综合的理解（直观中领会的综合，构想力中再生的综合，以及概念中辩认的综合[apprehendierende, reproduzierende und rekognoszierende Synthesen]）中并没有留意到辩认（rekognoszieren）也需要第三持存作为记忆的支持。我们要留意的是这种第三持存，所持存的不只是记忆，而且是姿态。人类在使用器具的过程中，发展了双脚与前臂的分离，这也是技术的记忆性，斯蒂格勒在这方面深受古人类学家安德烈·勒鲁瓦-古汉（André Leroi-Gourhan）影响。这也是为何斯蒂格勒将工具视为义肢，亦即一种人造的器官，故此他提议必须发展一种普遍器官学（organologie générale）。

1　Bernard Stiegler, *La technique et le temps, tome 3 : Le temps du cinema et la question du mal-être*, Paris: Galilée, 2001. 此处沿用已有中译本的书名译法，但需要提出的是，"mal-être"并非"存在之痛"，而是"不适"或"苦恼"之意。

3. 技术与工业

这个将哲学问题与技术问题等同的计划，显然一点也不容易，首先斯蒂格勒需要跟学院式的哲学对抗，这也是为何他这么多年来在法国只是任教于一家可以容许不同实验的技术大学；其二他必须仔细地研究当今的技术发展，以思考科技在今天的意义，而不是一种永远如是的"本体意义"，因为第三持存并不是以同一个状态永恒地存在。这也构成了第三持存的政治性，也是我认为斯蒂格勒与一般哲学学者不同之处，亦即如何进入工业的研究同时对工业进行批判或者重新引领。斯蒂格勒在法国成立的组织工业技术协会（Ars Industrialis）集合了不同背景的人士，如工程师、哲学家、经济学家等，联合研究和寻找一种新的工业精神。而他2006年在巴黎蓬皮杜中心成立的创新与研究所则致力发展新的软件，以实现他的哲学思想。

今天科技问题无疑便是工业问题。马克思早在《资本论》中描述了由科技推动的现代工业所造成的异化。因为矿产的发现，农民失去了土地，最后要到工厂工作。工匠们世世代代所传下来的技能原本足够他们维生，但是因为机械式的大量生产，他们的技能已沦为过时，最后也不得不放弃他们的生活而加入工厂的工作。劳动力仅成为交换价值，以换得面包和牛奶。在工厂里，他们要跟着机器的节奏，将他们自主的身体交给了机器的自动化，亦即他们成为被动的、提供能量的个体。斯蒂格勒视这种"知识的流失"为"无产阶级化"（proletarietization）的过程。中文将"proletariet"译成"无产阶级"或"贫民"其实并不十分准确，事实上，无产阶级化并不是使人变穷而更像是"废人化"。斯蒂格勒的解读与传统的马克思主义者相异，他们不少人至今仍然视"劳动阶级"为proletariet。斯蒂格勒视"废人"为那些失去知道怎样做 (know-how) 的知识 (savoir faire, 实践的知识) 的人，因为他们不再拥有可以自给自足的知识，他们也失去了生活的知识 (savoir vivre)。这是19世纪资本主义发展以来，人类状况的第一个灾难性的结果，他远比经济意义上的危机 (累积的危机) 更加严重。而19世纪以降随着工业化的不断发展，资本主义已几乎控制了所有不同行业的生产。

但资本主义并不能松懈下来，它必须制造消费，否则累积的危机只会继续下去，而资本的流通也将会缓慢下来。当工人无法在工厂里获得生活的知识，他们只有在空闲的时间去创造一些另外的东西，这为资本家打开了一个广阔的可操控空间。在20世纪之初，公共关系学之父爱德华·伯内斯 (Edward Bernays) 将精神分析引进了营销技巧，并将商品经济和"力比多经济"(Libidinal Economy) 结合。那些常常嘲笑将广告"精神分析化"的犬儒主义者或者憎恨一切后现代主义理论的人，如果知道其实伯内斯是弗洛伊德的外甥之后，可能会稍微改变看法。伯内斯雇用了一些精神分析师加入设计营销策略。其中一个有趣的例子是推广香烟产业，那时美国吸烟的人口主要是男性，女性并不视吸烟为一件有趣的事。伯内斯于是雇用了一批女明星在公众场合吸烟，吸烟因此成为了一件性感的事，挑动着男女之间的欲望，这也是商品与力比多投资的结合。一年之后，香烟的销量增加一倍。今天我们见到的例子当然不只是香烟，而是所有的商品。今天我们见到的是身体与资本结合的一条条新的线路，先是劳动力的剥削，然后是通过操纵工人的欲望而加快流通的过程。

这对于斯蒂格勒来说也是一个美学与技术的问题：市场营销的美学。今天我们见到广告、营销迅速地将设计、艺术吸纳进商品的包装，以此来吸引人们多消费。在消费主义的时代，我们见证着符号的贫困，因为符号的意义变得越来越纯粹，亦即消费的符号。在《论象征的贫困》（卷二）(*De la misère symbolique*, Tome 2) 中，斯蒂格勒写道：

> 人类美学的历史包括了一系列连续的失调 (désajuste-ment)，这些失调存在于三个构成人类美学力量的大型组织之中：生理组织的身体，人造器官（比如技术、对象、工具、仪器、艺术品）以及由前二者相互协调而构成的社会组织。我们必须想象一种普遍器官学，这门学科专门研究人类美学三大方面的历史，并研究三者相互关联所引发的冲突、创造和潜力。以上这些就是我正在构思的理论的主要框架。只有这种系谱式的研究方法才能让我们理解美学的演变，当代的符号贫困就是美学演变的产物——从中，我们应该希望并且肯定，技术和科技所带来的无限可能中蕴含着一种新的力量，而这种力量也同样隐藏在（饱受符号贫困之苦的）情感之中。[1]

象征的贫困相应的结果便是力比多经济的灾难，消费将欲望变为类似于毒瘾的癖好，亦即一种依赖。存在变成了一种病痛，亦

---

1 贝尔纳·斯蒂格勒，《论符号的贫困、情感的控制和二者造成的耻辱》，许煜译，王舒柳校，《热风学术》，第 8 卷，上海：上海人民出版社，2015, 289。

即生活在弗洛伊德所说的"驱力"之下。驱力便像是本能一样, 饿了就吃, 渴了就喝。相反, 力比多是一种对欲望之物的投资, 如友情、爱情。将存在变成驱动, 直接地毁灭了最基本的"自恋", 因为自恋正是力比多投放的动力。这也是在马克思描述的工厂的异化之后的另一种"废人化"。这也是工业美学的目的, 亦即将人们的独特性 (singularité) 去除, 而转化成特殊性 (particularité), 两者的分别在于独特性是绝对的差异, 例如我之为我是因为我能保持自己的不同; 而特殊性则是指, 每个个体都是不同的, 因为占有不同的时空, 来自不同的背景, 但是他们的品味、个性都是大同小异, 例如同一元素的原子一样, 每个原子都不同, 但又是相同的; 换句话说前者是不可化约的 (irréductible), 而后者则是可化约的 (réductible)。我们可以将这个问题放在不同的维度, 它既是一个技术的问题, 也是一个美学的问题, 这也是为何他呼吁今天艺术家断不可以将政治问题和美学问题分开, 因为一开始美学便是政治。

4. 药学与生成

今天的问题在于怎样重新获取技能。技能也是一种实践知识, 例如, 很多黑客 (并非破坏电脑安全的黑客, 而是如开发开源软件如Linux等的电脑爱好者和专家) 便在实践, 亦即斯蒂格勒所说的贡献式的经济 (economy of contributions)。参加者通过对技能的投放以及在团体中的参与, 完成了个体化 (individuation)。有必要提到的是, 哲学家吉尔伯特·西蒙东 (Gilbert Simondon) 对斯蒂格勒有很深的影响, 特别是西蒙东在《论技术对象的存在模式》(西蒙东博士次论文[那时候在法国要取得国家的博士学位，要写主、次两篇论文]) 中对于技术的理解，以及他在《心理及集体个体化》(西蒙东博士主论文的第二部分) 中阐述的个体化概念。西蒙东认为，心理和集体不可分开，心理学和社会学的盲点就在于，心理学偏重于研究个体的心理变化，而社会学偏重于个体与外界的关系，却忽略了自己与自己造成的张力。个体化之外便是去个体化，也即是说个体无法维持他的结构。举例说，当个体只沉迷于消费，同时发展出一种"我管他呢!"(I don't give a shit!) 的态度，便是一种去个体化的现象。因为个体无法再爱自己，也无法再爱别人，最终将走向毁灭。这也是一个"去独特化"的"特殊化"过程。　　　　.

　　而在这种贡献的经济背后，是斯蒂格勒对工业技术的态度以及希望，他并不是反对所有的工业技术，对他来说技术本身便是一种药。我认为斯蒂格勒对药理的理解与中医学有很相似之处，这也是为何斯蒂格勒几次提议跟我在巴黎开一个讲座讨论这种药学与技术。药，既是解药同时也是毒药，就像先前提及的书写，它既可以造成失忆，同时也可以帮助记忆。这也是斯蒂格勒的老师德里达所写的《柏拉图的药》的主要出发点。[1]如何将毒药变成解药，需要的是不同的调剂、不同的用法。而斯蒂格勒，或者我们——如果我们同意他的分析的话——的问题是，怎样在这个以消费为主的工业模式中去发展一种药学? 这对于斯蒂格勒来说，确确实实便是一种战斗，一种与工业化造成的"系统性愚昧"的战争。

　　在《什么令生命值得活下去：论药学》(*Ce qui fait que la vie*

1　Jacques Derrida, "La pharmacie de Platon", in *La Dissémination*, Paris: Seuil, 1972, p. 77-214.

vaut la peine d'être vécue: De la pharmacologie) 中，斯蒂格勒为我们勾划了这种药学，以及这种药学在法兰克福学派的批判理论中如何被忽略。在霍克海默和阿多诺的《启蒙辩证法》里，文化工业被形容成一种大型的欺骗，亦即通过将电影和音乐变成想象力的外置，从而入侵了康德所说的超验的想象，亦即理性的条件。与批判理论家相反，斯蒂格勒认为我们不是需要捍卫启蒙，而是必须了解启蒙本身便是一个阴影的哲学。启蒙来自德文的Aufklärung，亦即将不明朗的东西清理、消除，英文的Enlightenment和法文的Les lumières则直接将其与光挂钩，然而如斯蒂格勒于2012年4月在里昂举行的万维网世界大会 (World Wide Web Conference，同任主讲嘉宾的是万维网的发明者蒂姆·伯纳斯-李[Tim Berners-Lee]) 上指出的，如果没有影，便没有光，而如果光便是启蒙所要的理性，那我们必须发展一种影子的哲学。而这也就是药学。斯蒂格勒认为我们应该重新思考文化工业的"药性"，亦即影音等数码技术在社会中发生的作用。如他在《关怀 (卷一)：论青少年和世代》(*Prendre soin: Tome 1, De la jeunesse et des générations*) 中指出的，今天，为青少年制作的电视节目其实是在鼓吹潮流，正在造成一种"幼稚性"，相反，我们必须重新思考"关怀"，以及如何去关怀我们的下一代。这并不只是说要多制作一些益智的节目，而是去重新思考"知识"和科技的关系，亦即什么形式的"技能"可以让我们回到生活的艺术。

5. 人类纪的思考和疗伤

近几年, 斯蒂格勒主要关注的是"人类纪"的熵化问题, 他跟笔者说起, 哲学从来都没有思考过熵的问题, 而这将是他的工作。什么是人类纪? 人类纪表面上指的是继全新世 (Holocene, 11700年前至工业革命) 之后的一个新的地质学纪元, 在这一时期, 人类的行为已直接地影响了地球内部的地质化学活动 (geo-chemical activities)。然而事实上, 人类纪的背后也是资本主义工业化的结果, 正如不少科学史的研究者所同意的, 人类纪的其中一个主要的源头是18世纪的工业革命, 然后是20世纪中叶出现的"大加速" (great acceleration)。斯蒂格勒跟其他批判理论家不同的是, 他在人类纪中看到了资本主义正在通过数码技术的工业化, 以有别于伯内斯的市场营销方法, 来进一步实现全球性的控制。

"我们生活在一个没有时代的时代 (l'époque sans époque)", 这是2015年斯蒂格勒在埃皮纳伊莱弗勒里耶设立的夏日哲学课程的标题之一, 另一个是"对负人类纪的肯定"。他在导言里引用了一本由匿名作者"无法疗伤"(l'impansable) 所写的小说《时间的熔解》(L'effondrement du temps) 里, 年轻人弗洛里安 (Florian) 所说的话:

> 您不了解正在发生什么。当我跟和我相差两三岁的同代人聊起的时候, 他们都说同样的事情: 我们不再梦想建立家庭, 生小孩, 有一份工作, 有理想。那些好像您青年时有的梦想, 所有这些都完了, 因为我们都相信我们是最后的一代, 或者终结之前的最后一代。

斯蒂格勒所指的"没有时代的时代"是没有未来的，也就是说，人类无法再投射自己的欲望，将它作为愿望来实现，因为一抬头已见到了尽头。我们的确还是在生活着，时间好像往昔一样流动，但它并不构成一个时代，因为时代之所以是时代是因为它有上承也有下继，而"没有时代的时代"只是一种纯粹的生成（un devenir pur）。在一个人类以自己命名的时代，"人类纪"，一个人类意识到他们不单主宰地球上的生物，而且能够直接影响地球岩层的化学活动的时代，他看到的只是尽头。数码资本主义迅速地和数码技术、网络整合，变成了最具威胁的力量。大数据和算法成为了这种资本主义的时髦术语。无论财经市场，还是消费主义，都变成了一种思辨的、投机的（speculative）活动。财经市场的高频率贸易造成了2008年市场的熔解，而消费主义也以类似亚马逊书店根据记录而产生出来的"推荐"——"数码行为主义"（data-behaviorism）[1]。然而，支持这些新的经济和剥削模式是新自由主义的放任政策。在这个背景下，斯蒂格勒指出我们今天面对的人类纪其实是一个"熵化"的过程，而过度的熵化将会导致"时间的熔解"。这也是为何他提出要建立一个逃离人类纪去创造一个负人类纪或一个负熵的人类纪（neguanthropocène）。

斯蒂格勒对于熵化的分析也是建基于他创立的第三持存的理论。以算法和大数据为基础的自动化作为第三持存的新动态改变了第一和第二持存和预存（Protension，或译"前摄"）的线路。

1　这个说法由比利时研究员安托尼特·胡芙华（Antoinette Rouvroy）提出，她和她的合作者、比利时哲学家托马斯·贝恩斯（Thomas Berns）提出的算法治理术（gouvernementalité algorithmique）对斯蒂格勒的分析有很大的影响。

和持存一样，预存这个词也来自胡塞尔，指的是对于未来的预期 (anticipation)；第一和第二持存都有其相对的预存，而第三持存则演变成这两种持存和预存运作的条件。在他的新书《自动化社会 (卷一) : 工作的未来》(*La société automatique*: 1. *L'avenir du travail*) 里，斯蒂格勒详细地分析了这种数码经济的问题，我们在这里不能一一道来，但我们可以指出，这直接影响的就是思维的生活 (vie noétique)，也就是知识。如前文所提及的，早在《新政治经济的新批判》里，斯蒂格勒已指出了无产阶级化其实是一种去知识化的过程，也就是说，重复而高效的机器取代了手工的实践知识。我们可以想象工匠们在进入工厂之后就失去了以前的手艺，因为现在他们的责任只是在流水线重复同一姿态或者单击按钮，看一下有没有机器出问题。这种实践知识的流失导致的是生活知识的毁灭。在今天，我们必须指出，不只是实践知识在流失，连理论知识也面临危机。斯蒂格勒常引用克里斯·安德森 (Chris Anderson) 于2008年在《Wired》杂志发表的文章《理论的终结: 数据洪流令科学方法过时》(The End of Theory: The Data Deluge Makes the Scientific Method Obsolete) [1] 来印证这一点。安德森在这篇文章里指出算法和大数据可以比科学家更有效地证明命题、发展理论，因为机器分析相关性 (co-relation) 的能力比人类更强。也就是说，理论的终结，其实是理论知识的丢失。我们或者可以回到亚里士多德在《尼各马可伦理学》的第六书里对知识的分类: 科学知识 (epistēmē)、实践智慧 (phrōnesis) 和工艺知识 (technē)，我们见到的正是机器

1　http://www.wired.com/2008/06/pb-theory/.安德森在这篇文章里指出算法和大数据可以比科学家更有效地证明命题、发展理论，因为机器分析相关性的能力比人类更强。

（这也是technē的产品[ergon]）的进化，其实也是将这三种知识取代的过程。

斯蒂格勒指出了工艺知识和科学知识面对工业化出现的问题，但实践智慧也不能幸免，举一个例子，一辆无人驾驶的汽车如果面对意外的时候应该怎样应对，想象一下，它可以向左转、向右转或者向前撞过去，而左边是个老人、右边是个学童、前面开车的是个孕妇。但这里带出的另一点是，这些由数据产生出来的法则，同时也扭曲了法（droit）和实（fait）的分别，因为前者现在是由后者产生出来的。斯蒂格勒在他的夏日课程大纲里引用了我在《论数码对象的存在》中提出的第三预存的概念[1]。我指的第三预存相对他的第三持存。我认为在自动化的社会里，消费主义已脱离了他所描述的爱德华·伯内斯从他的舅父弗洛伊德的精神分析理论发展出来的市场学，消费主义通过算法直接地走在海德格尔所说的时间化（Temporalisierung）前面，形成一种新的时间的综合。换句话说，数码资本主义的操作方法正好就是对于时间次序——过去—现在—将来的动态的逆转。它将走在时间、思想、欲望前面去终结它们。

在《自动化社会（卷一）：工作的未来》中，斯蒂格勒指出了自动化社会出现的熵化问题，同时尝试描述另一个针对工作、教育等的蓝图。在这个蓝图里，他指出要反抗的是由资本和国家合作的新自由主义，它通过不断放松政策以及与其相对的私有化，加速了社会的熵化。我们可以想象这样的一个情景，当富士康全面实现

1　Yuk Hui, *On the Existence of Digital Objects*, Minneapolis : University of Minnesota Press: 2016, 详见第六章"逻辑与时间"。

自动化之后，工人将何去何从。他们是否可以得到一份普遍的工资（universal revenue），然后有更多的时间去学习和创作，还是只能等待着接受更没有回馈价值的工作，以及沦为纯粹的由计算器程序所引导的消费者？这并不是遥远的未来，而是我们现在要面对的问题。我们可以用他提出的重要问题来作结：我们如何重新规管这些经济、教育、工作的发展，让人类可以重新掌握（réapproprier）自动化，让自动化为人类服务而不只是加剧熵化的过程？这不只是后期的海德格尔所说的思考（penser）的问题，而且是一个疗伤（panser）的问题。

在创新与研究所，斯蒂格勒跟一些工程师、编程人员发展了不少以合作为主题的软件，包括音像材料的合作性注记（annotation），建基于Twitter的辩论平台，等等。而2016年他便与巴黎以北的塞纳-圣德尼省城镇联合体（La Communauté d'agglomération Plaine Commune）合作，并且得到了法国政府不少部长的支持，在该地实现他所说的"真正的智能型城市"（a real smart city），在那里他将要实验他基于阿玛蒂亚·森（Amartya Sen）的能力经济理论以及他的力比多经济理论发展出来的贡献式收入（revenue contributive，而不只是普遍工资）。这些活动旨在尝试去探究工业的前景，以及科技的药性。而哲学的作用便是可以超越常识以及各专业的教条主义，引导一种新的个体化。换言之，哲学之于斯蒂格勒便如武器，如德勒兹所说的，"那是没有害怕或者希望的地方，但可以找到新的武器"。寻找武器是今天人文学者的责任，而不只是再继续乐于担当旁观者的角色。

后 记

我感到在中国，我们并没有科技哲学，因为科技是舶来品，对于我们只是一个"缺失"，也是"错失"。百年前洋务运动，中学为体、西学为用，以思想驾驭器具的想法如笛卡儿的本质二元论，在现在看来已明显地破产。这也是中国现代化的最大特点：一种天真乐观而又忧郁的现代性。然而，今天中国的科研人员人数已超越美国，中国制造的科技产品远布全球，从人文学科来说，以老庄和字面上与之有点"相似"的海德格尔的角度，以恩格斯的《自然辩证法》和马克思的异化概念的角度，以由德国的恩斯特·卡普 (Ernst Kapp) 经法兰克福学派至今天美国唐·伊德 (Don Ihde) 的技术哲学传统的角度，来理解和批判技术，虽然有所贡献，但在今天以科技主导的社会，难免变得被动。将斯蒂格勒的这些文章译为中文，希望对于未来出现的相关学科和研究能有一些启发。

2013年春，柏林

2016年秋，布鲁塞尔

克服技术-书写的毒性

——斯蒂格勒论数码性与当代艺术

陆兴华

　　贝尔纳·斯蒂格勒是目前最热门的一个新学科"数码研究"（digital studies）的领军人物。他于2015年3月1日至5日在中国美术学院所开设的"数码研究与当代艺术"讨论班，将会深远地影响将要在中国开展的这个全新学科。作为这个讨论班的邀请人和现场翻译，本人在课堂内外与斯蒂格勒进行了很多交流，可以说是受到了颠覆性的影响。结合我最近一年多对他的著作的阅读，下面的文本是对他在数码研究领域中的基本范畴、方法论和理论脉络的基本介绍，意在帮助此书读者更深入地理解他在数码研究和当代艺术方面的思想。

1. 什么是技术？

　　技术，是生命每次想要走出自身、开始进化时所用的那一支架。最早，它是在沙地或岩石上画圈的那根树枝，后来，就是那根笔，或机器，今天，则是电脑和互联网和社交媒体。技术是人：人的进化过程就是技术的进化过程。技术将我们带到今天的进化程度，我们是被动地被它拖着走的。人是技术：人是技术进化到今天的后果本身。

人直立，能平视后，不再全部依赖嗅觉去了解环境，于是，视觉更发达，人脑就更多地朝着看的方向进化了。人约三百万年前，人开始用树枝在岩石和沙地上做记号。这种书写，就是今天所说的技术的开端。人一直被技术-书写拖着进化。是技术-书写将人拖进了今天的数码困境。数码困境是人的技术-书写困境，一直纠缠着人类的进化过程。人仍在被这种技术-书写拖着往前进化，像擀面皮一样，不断地被摊薄，更脆弱、更敏感，但也更鲜艳、更非同寻常。

2．什么是技术 - 书写？

生命过程被技术化，才能进化。这是法国科学哲学家乔治·康吉莱姆的看法。法国古人类学家勒鲁瓦-古汉在对远古人类的研究中得出结论：生命在它内部，是寻找不到进化的新路的，只能外化。人直立和开始用树枝在沙地上划线，就是生命走出自己，依赖于一个外在的技术支架，以更高的形式，回到自己之中。就像豆苗的藤沿着支架来生长一样，生命外化后，才能更高地内化，才能继续向前进化。

技术-书写拖着人进化时，在第一步上，人就中了毒。人类从这毒性中恢复过来，这一努力过程中，才生产出了新知识。所以，技术-书写是药罐：人中了它的毒，又用它的毒来治愈自己。我们的生命一走到自身之外，第一记，就被这一技术-书写带来的毒性打昏。我们在今天使用社交媒体时，人际关系被消费化了，比如，行踪被滴滴打车捕捉住了。但是，慢慢地，我们会反应过来，去克服技术-书写本身的毒性，用更高版本的技术-书写，去对付目前的有毒的技术-书写。这第二反应，就是我们的"新知识"。斯蒂格勒认为，这一事后的反应，就是新知识对于生命的重新"加持"。

一路上，人就是这样克服着技术-书写的毒性，不断生产出新知识，去对付失控的环境，让自己一次次度过技术带来的危机，走到今天的。但是，今天的数码运算的速度，已远超出人脑的计算速度，接近光速了，我们需与数码性作殊死的战斗，才能重新跟上它，将它钳制在我们的理性之内。这样的战斗，我们人类已进行了三百万年，这一次，我们仍能安度难关？斯蒂格勒这一关于技术-书写拖着人类进化的看法，已远离海德格尔关于人的技术命运的看法，是独树一帜的，我认为，将是我们未来的关于技术的进一步思考时必须参考的最重要的坐标。

我们的大脑，从来都是被我们的社会-技术器官不断重新书写的。这个器官，曾被黑格尔称作"精神"，有无尽的可塑性。我们原有的那种"阅读之脑"并不正常，必须被不断地重新书写。我们今天的首要任务，是使我们的阅读之脑，转变成"数码之脑"。但今天的社交媒体，正在将我们的日常行为书写化到一个文本空间之中，将语流空间化了，活水一样的语言，也被当作了空间对象来传递，并用新的算法来配置它们，甚至使它们自动交互和连续繁殖。我们能不能逆转这个过程？我们的大脑能否诱敌深入，暗度陈仓，再一次逆转局势，走进新局面？

数码化只是更细、更碎、更死板的书写化。比数码更细的，是纳米。今天，在纳米技术平台上，形式与材料已不可分。许多形式在宏观上已不再存在。新技术和新媒体对我们的影响，远远大于传统上新技术和新媒体通过文化工业对我们造成的影响！我们必须跳出我们原有的理解框架。我们现有的知识，我们的大学系统，是根本无力来对付这种新情境的。情况可以说是很危急了。

3. 我们当前的教育机构已病入膏肓

技术，是对记忆的辅助。记忆技术，尤其是网状阅读和机器学习这样的技术推进，正在瓦解和动摇大学栖息地，破坏其地形，扰乱大学知识空间的组织方式，使我们不再清楚大学场域分布及其学科前沿之走向和坐落，不再知道其理论战场到底放在哪里。连它的校园的共同体处所及其社会联系，也正在被脸书、微博和微信这样的社交网络，彻底架空和撕碎。大学正在蒸发。

老知识在新环境里都是全体地对我们有毒的了。新知识只能是这样长出来的，才对我们无毒：新知识只开始于我们努力在其中解毒的过程之中。这时积累起来的人人生产出来的自我文本和作品，才能算作新知识！新知识，是像大洪水后，由我们在新季节里整批地重新栽种出来的。

今天，整个知识体系都被打散，整体地都不能用了。大学是难以改革的！必须创造另外的研究机构，必须创造另外的教育机构和另外的教学方法！只有我们每人每天的两个小时以上的冥思处，在斯蒂格勒看来，才是安全的了。我们应该像他那样，每天深夜离家，一个人苏醒于某个小房间，将早上四五个小时绑架给自己的写和读，否则，凭我们怎么化妆，我们的自我实践都将是漏洞百出的。他对我说，只有这样的半军事化的自我实践，才能保证福柯要倡导的像花朵的一次次开放那样的"生命实践"了。

数码算法正以光速在全球实时运行，我们现在不能躲在大学这样的救生圈里，继续感叹"逝者如斯夫"了！我们不能比它更快，所以，应以自己的超慢，来与之对冲，然后争取收复它。阿多诺们已在感叹理性正在被理论化吞没，那么，在今天，这理性化速度加快了N倍，我们的理性应该如何作出反应，来反手占得上风？

大数据处理已使我们的全部旧知识失效。新知识就是我们对于新技术-书写也就是这个技术药罐的全新应对的经验的渐渐积累。不进行积极的应对，我们就会死在老习惯的毒性里。我们只能用新实践来替换旧机构，对大学，对我们存身的其他机构，都应如此。只有基于可靠的理论知识，才能开始我们的新实践。我们不应该就这样待在机构里，而应将它改造到底，甚至重新发明它！大学只是我们发明另一种大学的根据地了。

早前，康德说，启蒙，是人靠着自己，将自己从被照看的未成年人状态中走出来。今天，不是宗教，而是数码性和社交媒体，横插进来，使年轻人无法成年，使他们婴儿化，无法从他们的被管理的状态中走出来。今天的新启蒙，就是成年人主动做出榜样，让年轻人通过与成年人的跨个人交往循环，去成年……

斯蒂格勒正在倡导的"数码研究"，在我看来，就是对于我们的大学里的老文科的替代。它是一种大书写研究，包括了技术、艺术、文学、生态等，既是新的批判理论，也是新器官学，远远走出了现有的"文化研究"的眼界和方法论，可作为我们今天的大学里的一个替代式新文科，在那个新文科正式到来之前。我们必须意识到我们今天在大学文科中所做的，首先是数码研究。

4. 药罐

柏拉图的《斐多篇》结尾：有学生告诉苏格拉底：诡辩派卅始用笔写了，而我们仍在用嘴对话，怎么办？苏格拉底回答：书写，只是pharmakon，是药罐。用书写，就会带来书写本身的毒性，而我们只能也用书写去克服书写本身的毒性，没有别的办法了。他们开始用，我们也得用，但得克服使用过程中感染的毒性。在20世纪，数码的毒性，正从电影式药罐，向电视式药罐转移，今天已全面向社交媒体转移，通过新算法和大数据收集，与营销和消费过程结合，正普遍地导致观众或消费者的无产阶级化。正如马克思在他的时代里向我们指出的那样，机器代替了工人的劳动知识后，造成了工人无产阶级化，彻底剥夺了他们的动手制作的知识和生活的知识。今天则是，社交媒体正在使我们无产阶级化。

药罐，是人工制品，也是人变成人的条件。人成为人，是人工器官和组织的源发于器官的过程。但这一人通过人工制品或药罐来变成人的过程，总是既生产出熵，也生产出负熵，因而它本身总也是对人变成人的过程的严重威胁。

一旦你自己不善于用pharmakon来作出心理-集体跨个人化循环，别人就会来替你用，替换和覆盖掉你的使用。这就像吸毒一样，明明是我们的器官自己会生产的兴奋，结果需要一个中间物，来向我们提供兴奋了，这种提供，短路掉了我们的跨个人化过程，结果只能是毁灭。如此说，今天的数码毒性一点都不亚于海洛因。

5.关注与关照

关注，由个人的投注和保留编织而成。微博和微信里的"关注"，本来也应该是这样。"好友"是那些肯主动作出关注的人。但来自生活中的好友的关注，现在已被社交媒体里的记忆技术短路掉。

人都是要做梦和欲望才能往前走的。技术手段，比如电影，给我们提供了做梦和欲望的空间，是我们的探路轨道。我们应该使我们自己的这种经验成为正能量，不要在创伤和挫折之后，去依赖某种上瘾的东西。而今天的数码性，就成了让我们上瘾的迷药，使我们不再自己去冒险往前探路。它逼我们交出自己的关注和信念，杀死了爱。社交网络使感情饱和。我们越在社交媒体上滥情，就越会在真实的人际关系里冷漠和无助。社交网络也造成我们的认知饱和：使用新媒体和社交媒体时，轰向我们的信息越多，我们就越茫然；如果一点点地放出信息给我们，用阴谋论来向我们汇报真相，我们反而感到巨大的享受和鼓舞，像看福尔摩斯系列剧那样过瘾。

但是，生活有两半：关照他人和过自己的日子。关照他人时，是要从自己的孩子扩及旁人，这事就像向传统学习一样重要。关照的反面，就是欲望。付出的关照越多，自己身上生出的欲望，就更有力，力比多经济之循环，也才更流畅。

心理学家温尼柯特划分了人的冲动的两种类型：与母亲的液态、渗流式交换，是非冲动的；与母亲分享后的交换，才是冲动。这是两种不同的能量。很不幸地,弗洛伊德很片面,很暴力,只向我们强调了后面这种冲动。他关于驱力和力比多的理论,在斯蒂格勒看来,都有严重的缺陷。力比多经济的重建,就是要用前一种非冲动能量,去置换后一种冲动。个人身上深埋的那个远古文化池,通过在婴儿期与母亲的眼神的交流,而被激活,而成为跨个人化循环,直至接通整个传统,和人类的整个过去的疆场。个人的成长,只是对这个古老的文化池的应对和回流的结果。任何一个生命都有可能在将个人文化池接通到人类远古以来的文明后,成为滔滔江河。

如果我们的记忆短了,我们的关注,也就不会长。而现在的问题,是在这个被消费和营销组织的控制型社会中,各种社交媒体在对我们的关注力加以大规模的工业开发。这个开发你也不能说它全是不好的,但它正在阻断、扼杀我们的内生记忆、身体记忆、物种记忆、代际记忆。我们不得不在新的数码环境下更艰难、更命悬一线地与之战斗。

6. 熵与负熵

人类学家列维-斯特劳斯曾向我们指出,人的生活的配方之核心,是有毒的。他说他不再爱这个世界,希望我们跟着他去巴西的亚马逊流域另寻。他的人类学,是一种热力学:人正在走向耗散。斯蒂格勒认为,这种人类学,是虚无主义,是悲观和绝望的。他认为,我们必须迎接新技术对我们的挑战,用配得上我们手里的新技术的新实践,去逆转这一熵。我们必须建立一种反对列维-斯特劳斯的负人类学。我们必须拿着负熵性这样一把尺子,去衡量我们当前的每一种实践，看它们能否帮助我们克服那种熵：这种负熵，像尼采说的，应该成为价值总体批判中衡量一切价值的那一价值。

在日常层面，我们的那些与消费行为相反的行动，叫作贡献(contribution)。它在今天的互联网上正大规模地出现：贡献式翻译（如字幕组）、众筹、开源共享，等等。我们应该如何去组织和利用它们呢？这种负熵式实践，也是数码技术在向我们带来了毒性之后，同时带给我们的新可能性。在普遍地被无产阶级化之后，我们居然惊奇地发现：大量的业余爱好者聚集在网上，以更大的规模和更大的信念，来相信和爱了。比如，在我们的书法爱好者"群"里，书写通过社交媒体，重新被广泛地展示，这种广泛性，是我们原来能想象的雅集所根本无法比拟的。一个艺术学院的书法系教授在这样的"群"里，怎么能幸存下来？不进入这样的新的业余爱好者群中，他们还能称得上"书法系教授"吗？在今天，职业艺术家能轮得到做职业的业余爱好者这一机会了。

7. 论当代艺术

在今天，斯蒂格勒说，我们最大的敌人，不是伊斯兰主义，不是主权扩张，不是民族主义，而是发生在我们身上的这种由数码性和社交媒体构架所造成的脱-崇高(désublimation)过程！最大的危险，是我们不会欲望，不会赋予我们面前的东西一致性，不再敢对还不存在的东西抱信念了。也就是说，我们不会爱了。爱一消失，就露出了使原先的爱水乳交融的那一技术装置的可怕的日常性和人工性，就像爱人们分手后不得不面对他们的爱巢的残酷时一样。崇高: 就是用技术手段, 将我们自己引导到那个还不存在、但我们想要和想要相信的东西之上, 当它存在, 赋予它一致性, 使它脱颖而出, 异乎寻常。这是在制造新神秘。这一新神秘, 他认为, 不是利奥塔所说的"非物质", 而是只存在于德勒兹所说的"一致性平面"上的超物质。

当代艺术就是这样一种制秘术。制秘, 也是电影导演戈达尔的蒙太奇变术的第二种: 将不相关的东西放进同一个时空里, 使它们形成一种新的神秘。毒药的另一面, 不是毒药。我们也应该像学习驯服野牛那样, 去利用全球资本主义力量的另一面, 将其当成"药罐"。在这个方面说, 当代艺术是一种药罐使用术, 是一种能动的示范。

为此, 斯蒂格勒说, 我们需要给康德的第三批判动手术, 找到我们自己时代的审美上的"新批判"。这个世界已经不"爱"它自己啦。不是新的资本主义精神不好, 而是资本主义根本没有了精神: 它不生产欲望了。它是一头将要撕碎自己的恶兽了。我们的新批判, 不应该仍是康德的那一种, 只会说: 你能, 因为你应当。我们得搭出新的工业艺术模式, 在三个层面上作出技术批判: 分析、综合、更高地把握。我们必须拿出比康德更高的批判版本才行。

斯蒂格勒的艺术观, 是与他的技术哲学打通的。在他看来, 艺术就是技术, 就是书写, 就是写本身。古希腊语里, γραφειν (graphein), 不光有"写"的意思, 也同时指"绘"。这种叫作graphein的能力, 允许个人既形成其判断, 在心理上使自己个人化, 又使这一判断循环: 使它公开、公共, 因而通过对跨个人化过程的循环之书写作出贡献, 帮助我们加入集体的个人化过程。"写", 拖着人往前走。艺术, 是这种"写"本身，是这种大写的"写"。它是一种更有力的写。

任何物都可以由平常之物而成为不同寻常之物，在我们注视、相信和爱之前，成为艺术作品。"一件作品只有在我们相信它时，才起作用。更精确地说，一件作品只有当它在感性上影响我们时，才发生作用，好像它突然使我们一下子注意到它。只有当它将我们拖入一种神秘，这一突然的呈现才能将我们深深地吸引住，才能在感性上影响我们。它这才除了首先向我们揭示它自己的存在、揭示其作者与其观众的存在之外，还向我们揭示出存在平面之外的某些东西——如果我们相信它的话。艺术的经验，是作品打开了这样一个平面，同时又揭示了另外一个平面的经验。"我们提升它，使它对我显得是作品，于是，作品也才"自我提升"。"这种提升只有作为信念，才能到来。这一信念是欲望，在这种欲望之中，判断才形成。判断一个作品是决定爱或不爱它。而这就是这样一个判断必须是业余爱好者作才行的原因：正是业余爱好者创造了艺术史，以最最多样的方式。"这是非常让我们难办的一个结论：艺术爱好者每一次对一个作品深情，都启动了一次艺术史。所以，艺术史不是只有一部，而是像一筐筐的豆芽菜那样数量浩繁。艺术，总有待重新开始，在我们人人手上。可能根本就没有艺术史，如果真有，也只是由像这样的一次次开放来构成。

斯蒂格勒对当代艺术的操作实践的判决，是严厉的："艺术的神秘总是穿越它所动用的工具，正如在膜拜中，我们也要用到工具。现代艺术和当代艺术的特殊问题，是这些工具在艺术家们手里越来越过时了。这么说时，我指的不只是艺术家所采用的技巧，而且是各种组织（就它们也是我所说的一般器官学的一部分而言），也就是，机制。"方法论太古旧，甚至当代艺术的这种组织和机构的类型，也早就该被淘汰。当代艺术也许落进了一些很二的人手里："在这个有的人将当代艺术当成像宗教那样的封建迷信，有的人则将它当作了死硬派、狂热分子、诺斯替派和不可知论者的借口的时代里"，"关于可一般地称作信念的这一感知性行动（艺术行动）的工具和技术条件问题，还未被提出"。

在当代艺术家手中的工具和身处的机构越来越被架空的时代里，在网上集结的广大"业余爱好者"，在斯蒂格勒看来，则带给了我们全新的希望。在讨论班上回答同学的提问时，他急中生智地向我们指出：在未来，艺术家只是职业的业余爱好者，是要将业余爱好者已经在做的事，做得更职业一些，是真正业余的业余爱好者。作者死了，人人都是作者或艺术家了！你想做职业作家和艺术家，就必须比业余更业余，比爱好更爱好。必须更业余地去职业，才行了。在现有的社会劳动分工体系下，这一说法听上去是很矛盾的。未来的艺术家们，是那些已在网上对职业艺术家们吹毛求疵的业余爱好者。他们是新的艺术家，也是自己的全新的公众。他们的信念里，我们的爱之中，才会产生我们所说的那种"艺术"。

无产化状况下的审美判断

感性的无产阶级化

我们可以将这一讨论系列称作：在普遍的无产阶级化时代里质疑康德关于判断的美学理论。我这样说是什么意思呢？为了回答，让我们来看一下杜尚的创作轨迹。

图1 《下楼梯的裸女》，杜尚，1912年

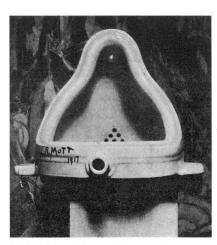

图2 《泉》，杜尚，1917年

1

在《下楼梯的裸女》与《泉》之间，也就是说，1912年至1917年，在杜尚身上，到底发生了什么？而且，为什么这一发生对我们今天是至关重要的？我的四个讨论班和一个讲座，是要来回答这一问题。1912年至1917年，杜尚越来越关心可复制性问题了。

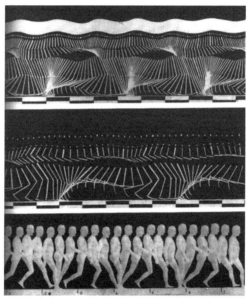

图3　法国科学家马海发明了记时摄影，透过影像捕捉到运动连续画面

这一可复制性问题，始于摄影和连贯动作摄影，后来把我们引向了泰勒[1]，也就是说，引向了现成品。现成品首次出现于针对大规模市场的系列生产之中。正是在这一新的时代里，关于无产阶级化的新问题被打开了。

1　指"科学管理之父"弗雷德里克·泰勒。——译注

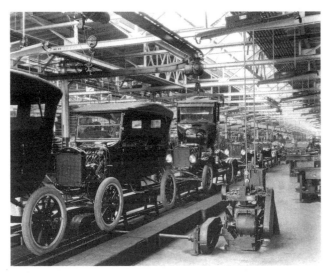

图 4 福特汽车流水生产线

　　我已在我的《论象征的贫困》[1]一书里努力向大家证明，在福特和贝内斯的时代，文化工业的发展，通过感知的复制和疏导装置，导致了消费者的感性的无产阶级化。贝内斯，是弗洛伊德的外甥。正是他，通过有组织地捕捉消费者的关注，因而也捕捉了那些力比多能量，后者是营销努力将消费者的原初对象重新转移到商品时所必需的，他于是也就发明了营销的基本方法。这一无产阶级化过程，也对应了工业的机器时代是如何使生产者被无产阶级化变得可能的。我所用的"无产阶级化"一语，在这里，是指知识的失去。

　　对于音乐家巴托克（Bela Bartok）而言，这一知识的失去，正是出现收音机后我们必须付出的代价。就像唱片一样，收音机让我们能够不会演奏就能听到音乐。在1937年的一个访谈中，巴托克说，除非同时看着乐谱，要不然就不应该从收音机听音乐。对他而言，显

1　Bernard Stiegler, *De la misère symbolique*, Paris: Galilée, 2005.——原注

然，不识谱或不会演奏的人，是不会真正有能力去听音乐的。我们将会谈到凯勒斯侯爵（Anne Claude de Caylus）在1759年与狄德罗辩论时所说的那句话，而歌德会在18世纪末说出这同样的一句话。这句话是：要来谈论一幅不是自己亲自复制过的画面，是不可能的。

让我们看一下法国画家胡贝尔在1796年画的卢浮宫里的现场：

图5　《卢浮宫大画廊的发展项目》，胡贝尔·罗伯特，1796年

那时卢浮宫刚刚成为国立美术馆，是人人都可进入之后的第三年——我们就会看到，访问者几乎都是艺术家，都在那里临摹。到19世纪，塞尚将会来卢浮宫做同样的事，他在一封信里向朋友贝尔纳（Émile Bernard）解释说，人不能够看见他画不出来的东西。我们能画出多少，才能看到多少。我们将需要指出，这正在发生的，正是对乌克斯库尔（Jacob von Uexküll）的感觉-运动环（sensori-motor loop）所做的改造。

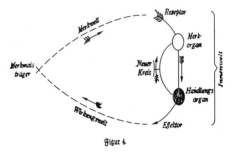

图6 "环形反馈圈的早期图示",《理论生物学》
(*Theoretische Biologie*), 1920 年

图6所示的, 是关于这个"环"的最近版本。从这一刻, 它开始在
人工器官之间连环, 使得对于感性的一种感——知性和艺术性、精神
性和智性的表达, 成为可能。这种感性在这时变成惊叹了, 法语里
的那个词, sensationnel, 在英文里, 就有terrific (棒极了) 的意思。

2

在整个20世纪, 本雅明所称的具有"机械可复制性"的种
种技术发展, 导致了曾是艺术业余爱好者之特长的心理动作知识
(psychomotive knowledges) 的普遍退化。这一退化, 是由感性的
机械转向造成, 后者导致了业余爱好者的无产阶级化。这使得业余
爱好者失去他们的知识, 成为一个文化消费者——有时甚至被转变
成汉娜·阿伦特所说的"有教养的庸俗者"。

这些问题, 以及反-艺术家杜尚在他所描述的艺术家们自己也已
被无产阶级化的时代里, 提出的艺术作品的目的问题, 在今天以全
新的姿态挑战我们。而今天我们所面对的, 也是与杜尚所说几乎完

全相反的时代，其中正发生着感性的第二次机械转向。

这第二次转向是由数码技术带来的。通过数码技术，每一个人都能进行摄录、后期制作、索引、发送和推广方面的技术——这些至今仍是工业功能的技术，在过去由我所说的营销和文化工业的心理-权力的霸权所控制。

这一感性的新的机械转向——它不再是模拟的(analogue)，而是数码式的(digital)——却也导致了业余爱好者这个角色的复兴，也就是说，导致了力比多经济的重构。这种力比多经济，一直以来都被消费主义系统性地疏导和改道，终于造成一种驱力经济，也就是说一种力比多的脱经济(libidinal diseconomy)。

什么是业余爱好者，如果他不是力比多经济的一个象征的话？业余爱好者"热爱"（amat来自拉丁动词amare，也就是"爱"）：这正是使业余爱好者成为业余爱好者的东西。艺术业余爱好者热爱的是艺术作品。而就他们热爱艺术作品而言，这些艺术作品对他们也起了作用。也就是说，业余爱好者被这些艺术作品改造过了：如果从西蒙东谓之过程的个体化这个概念上来说，他们被个体化了。这些是我在本讨论班的四次课中所要处理的一些问题。为此，我们必须首先回到康德。

3

为了让一件艺术作品，任何的艺术作品，作为艺术作品出现，也就是说，使它成为艺术之作品，我们必须相信它：相信它是一件作品，并相信它是作为一件艺术作品。只有我们相信它，艺术作品才能作为艺术来发生作用。

从某种程度说，康德就已经在说这个意思了：审美判断的反思性作为一个不能被证明，同时永不可能是确然的（apodictique），也就是说可以被论证的判断，至少从这一个角度说，已预设了某种信念。这仿佛是说，每一件艺术作品在某种程度上，都是对它自己的揭示，只有通过将它自己展露为一种启示，才能真正展露它自己，故此形成某种教义。这在某些情形中就形成了学派、小团体、某些教派，有时甚至就导向派系分裂。康德说，当我将某件艺术作品看作是美的，我必然会认为，每一个人都应当觉得它是美的；不过，在我内心深处，我是知道的，情形不会像我想要的那样，而且永远都不可能那样。这也可以被说成：作品的美，是永远无法被识别的，如果识别意味着将它确立为真实，就像在"证明"和"演示"时那样。审美判断将永远只是作为我的信念的某种状态被保留下来，它可能被更广泛地分享，比如，被我的朋友们分享，甚或被我的"时代"分享，作为时尚，或作为一个被接受的观念。不过，审美判断的对象，将永远且真真正正地保持为不确切的，也就是说，不能被证明。不论它是个人还是集体作出的，审美判断总属于下面这个秩序：它是一个反思判断，而不是一个确定判断，意思是说，它属于那个信念的秩序，也是一种普遍的艺术的体验模式。

在20世纪，这一信念与某种丑闻发展出了一种新的但根本性的关联，也就是说，落进某种陷阱和逆转（而这就是古希腊语skhandalon的语义）中了。这一关联是自19世纪以来形成的，从《奥林匹亚》——马奈的那一著名作品开始。

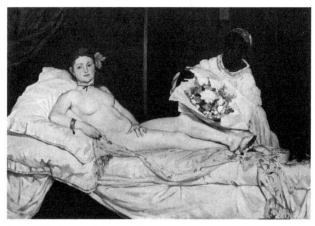

图 7　《奥林匹亚》，马奈，1865 年

它也是霍夫曼 (Ernst Hoffmann) 的《沙人》中的那个动画木偶的名字，在弗洛伊德分析什么叫作诡异 (uncanny) 时，这个形象起到了核心作用。而这一关联，随着达达主义的到来，变得更明白。

这一种新的信念——我们可以称它为倒转的信念——在相互竞争的教派和小团体之间，表现得最为明显：有些比另外一些更教条些，有些更纷争——其实我们也可将这些教条称作趣味，或运动。不过，这些趣味或运动是社会性的跨个体化过程，如果我们可以将社会性理解成心理和集体的个体化过程的话。

因此，仿佛可以这样说：反思式判断不仅是共享的，而且是建构的。它是运用了很多的人工诡计后才达到的，而且这一判断和它的反思性的人工性形成，可以成为艺术本身的一个维度。不光是在一个层面上，而且甚至艺术作品的形式本身，也可以是人为的：它可以成为约瑟夫·波伊斯 (Joseph Beuys) 意义上的社会雕塑。

是啊，恰恰是在这同一意义上，艺术成了高度投机的营销的全球发展的一部分。我们看到的像"网上口碑或口耳相传"这样的营销技巧，其实也是心理-权力的一种模态；这样的营销技巧，利用的正是个人和集体的反思性和必要的自我提示。艺术的秘传学于是受到了威胁，正在变成神秘化。[1]

所有这一切都来自可称作社会雕塑的药学（pharmacologie），来自永远受到神秘化威胁的神秘学。一旦神秘化，药学就成了这种神秘化的材料。而这一对峙并不起自波依斯，而是起自杜尚。

4

这一切向我们提出了关于可一般地称作信念的这一感—知性行动的工具和技术条件问题。这一问题仍需要被重新提出来，在这个有的人将当代艺术当成了像宗教那样的封建迷信，有的人则又将它当作了死硬派、狂热分子、诺斯替派和不可知论者的借口的时代里。艺术的神秘总是穿越它所动用的工具，正如在膜拜中，我们也要用到工具。现代艺术和当代艺术的特殊问题，是这些工具越来越过时了。这么说时，我指的不只是艺术家所采用的技巧，而且是各种组织（就它们也是我所说的一般器官学的一部分而言），也就是说，机制。

一件作品只有在我们相信它时，才起作用。更精确地说，一件作品只有当它在感性上影响我们时，才发生作用，好像它突然使我们一下子注意到它。只有当它将我们拖入一种神秘，这一突然的呈现才能将我们深深吸引住，才能在感性上影响我们：它这才除了首先向我们揭示它自己的存在、揭示其作者与其观众的存在之外，还向

---

1 我们必须区分秘传（mystagogie）、神秘化（mystification）和神秘学。神秘学是一种领会，一种经历。作者跟着会详述秘传和艺术的关系。——校注

我们揭示出存在平面之外的某些东西——如果我们愿意相信它的话。艺术的经验，是作品打开了这样一个平面，同时又揭示了另外一个平面的经验。每一件作品内都有一个这样揭示的结构。

任何一个富有一种超感性官能的感性主体，都能够有这一独特的、不可还原的主观经验。康德辩称这种与感性的邂逅(aisthesis)类似于道德律则，他称它是一个审美判断。它以这世界之中的最平常的方式，使那不同寻常的东西出现于平常的东西身边——从这一平常中突现，而且，同时，还是作为永不能被证明的东西来显现：它只能被经验。

让我们这么说吧，神秘物是不同寻常之物(extra-ordinaire)之名，这其中带有这个作品的秘授的展演性(performativité mystagogiqu)，后者只有满足了此一条件，才能起作用。要让平常之物的神秘性生发出来，作品必须启动并引导它进入另一个平面，这样，它才构成一种所在，也就是说，一个目的地。这一层面——它不再是存在的层面，虽然它也不是来自别处，或来自存在之外的另一个层面——从内在性之中冲出来，进入这一层面。正是这一完全内在的投射，构成了反思性判断的基础，因为，这个判断是不能被简化为或比附为客观的确定，也就是说，不能被简化或比附为确定和认知判断的对象。

认知从来都是不神秘的。反思，却带有不-寻常的神秘，不过，它具有的是不带超越的不-寻常。在这一意义上说，它是内在性本身的神秘，是世界的成为-世俗(devenir-profane)，也就是成为-平常(devenir-ordinaire)——当中，反思性判断只有经过某种缺失才成为普遍。它的普遍性是：我设定每一个人都应当认为它美，而不光是令人愉悦；我所发现的平常之物的美，每一个人也应当发现它是不同寻常的。这一点，正是其神秘本身，恰恰是因为，它只是通过自身的缺失来呈现自己：我们绝无法证明这种普遍性。它将永远保持为根本可疑的。

被称作美的东西，或更一般地说，每一个审美判断的内容的缺失性的存在 (l'être-par-défaut)，与语言内在的习语式 (idiomatique) 特性汇合起来：并没有普遍语言，每一条习语，都是因为语言的缺失。比如说，在那些不会说某一语言的人看来，习语就是来自发音错误。这同样也是为什么艺术作品总是习语式的。一种语言，是从一般而言的语言，也就是"那一"语言的缺失和错失中诞生的，一种语言也只有错失和缺失时，才被说出：作为缺失，通过制造一个或多个缺失：某一种语言 (与一般而言的语言对立) 是将言语给予《圣经》所说的"用语" (shibboleth，它是发音的错误)。正是语言的神秘和诗的不确定性，才将这样的一个错误转变为所需的东西——变成一种必要的缺失。这属于德勒兹所说的准因果性 (quasi causalité) 范畴。

这一必需的意外，在每一件艺术作品中都被揭示了出来。它是从一个本来是不可能的，也无法被证明的独特性跳出来的，而且比一个简单的、可证明的普遍性——可被证明的、确然的，能被归入确定判断的概念之内的普遍性——走得更远。这样一个独特性打开了另一个维度，另一个平面。这意味着，这一维度，这一平面，是自发地从任何欲望中跳跃出来，到某种程度欲望将它的对象变得无限，使之成为独特性的对象。

艺术的秘传所涉及的层面，是与其他的一致性平面并存的平面，没有它，任何类型的作品的对象——不论是科学的作品，哲学的作品，文学的作品，法律的作品，政治的作品，还是一般而言的知识的作品——都无法存在，也就是说，它将自己加于存在之上，尽管它不能成为计算的对象，但如果没有它，存在就会崩解。如果没有它，那些试图存在的东西，就会被拉低到仅是求存的层次。那就是说：驱力的层次。

康德用来描述审美判断的那一反思性判断，只不过是那将整个精神的活动包含在内，不能被任何知识所归约，甚至也不能被确然的、认知的和确定的知识归约的关于这另外一个平面的一种反思性模态。确然的思想家，也就是如柏拉图和亚里士多德所说的"辩证家"，只感兴趣在一定的条件下工作，在此条件下，人能保持距离同时沉思此时此地 (deixis) ——因而从演示 (monstration) 转向了论证 (dé-monstration) ，从示范到论证。但是，这些条件本身是演示性的，它们本身就属于展示的秩序。它们是无法被论证或证明的。它们是我们所说的公理 (axioms)。它们是所谓的"奥义"哲学所要教学的东西，是启蒙，而不仅仅是正经的教育，一种难以理解的 (exotérique) 教育。

如果公理体系无法被论证或证明，而同时却又是所有论证的条件，公理是可能为真却永不能够被证明为真的东西。这是不是意味着它只是信念的对象？这样说，就又错了。因为，这一"信念"是基于证据的，可以作为共理。不过，这意味着，它也是一种缺失的判断的对象。

而正是这一类缺失的证据给审美判断的反思性奠定了基础。是不是证据本身就构成了一种神秘？如何分开那在各个方面强调和支撑精神生活的必要的秘传——作为生命带来的光的影子——与我们要为之付出代价的，有点像鸡窝里的狐狸[1]一样的所有种类的神秘化和蒙昧主义效应？

精神生活的这一内在的含糊，要求我们对它作出批判：对所有的秘传的批判，倒并不是为了谴责它们，而是要在它们之中辩察那总有可能发展成神秘化的东西，而这就使得汉娜·阿伦特通过"有教养的庸俗者"这一人物所分析的那种文化庸俗主义得以可能。柏拉图从未涉足这一工地，尽管他给予苏格拉底权威，让神秘的狄俄提玛 (Diotima) 来担当这个文化庸俗者的角色。柏拉图以为他自己是干净的，因为他谴责了艺术、音乐和诗歌的玩弄神秘。也正是这神秘化的倾向，以及所有的秘传 (所有的哲学，所有的艺术，所有的宗教) 所包含着的神秘化，才产生了那些突然之间不再相信，但仍继续做他们的工作的各种教士们。

柏拉图的本质，康德的先验，弗洛伊德的欲望对象：所有这些都来自这样一种神秘。这一切都是一种不-寻常之物，以及狭隘的理性主义之徒总认为它可以和应该被删除。他们的借口是，不-寻常之物的确总也是 (但并不只是) 装疯者的玩意。

5

我这里要说的信念指向某个不在这个存在的平面上存在的对象，因为我们也能相信，在这一扇门之后，是有一条路在那里的；但那是完全不同的一种信念。我想到的信念，不是一个对存在的信念；

---

1 典出《克雷洛夫寓言》。——译注

而是在于不可简化地将一个对象放到另外一个平面之上，并通过这一行动，而相信了那另一个平面。这是一个最最平凡的结构：它的逻辑是，欲望给它自己一个对象，并将其抬高到这样的一个地位，它之所以成为欲望的对象，是因为它不可被计算，不可被比较，也不太可能。从这一角度看，它不是一个存在之物，如果我们非要说只有可确定和可计算的才能算存在的话。

当我将某物判断为美的时候，我做的正是同样的一件事。我在判断中包含了这样的信念：每一个人都应该发现它是美的。当我爱一个存在物，想要得到它时，我的判断包括了这样一种想法：整个世界的人都应该爱和想要得到它才是，虽然我知道实情并非如此。在这里，欲望与驱力不同。欲望将它的对象普遍化；相反，驱力则倾向于去消费一个对象。后者并不包含自我普遍化：欲望之于驱力，就像美之于仅仅是令人愉悦的东西一样，不是在同一个层面。

6

我们现在生活在一个失去爱的时代：在这个时代里，力比多经济的构成，到了这样一种状态：资本主义将欲望放到了它的能量的中心，但这种经济则将欲望带向毁灭，释放了驱力，瓦解了友爱，并且更普遍地瓦解了具有思维的灵魂的人相互抱有的爱，和对这个世界里的那些对象的爱。当这样的灵魂具有宗教性的时候，他们会将这些对象看作上帝无限之善的表达，当作是这一善作为所有爱的崇高源头的记号。上帝于是就成了所有的欲望的对象。

爱，或用一个较不特别是西方和基督教式的用语：欲望，构成了友爱。爱也是这样来构成个体化过程的，它必须同时处于心理平面和集体平面上。正是通过爱，心理与集体的个体化过程中的"与"才成立。作为这一个体化过程的基本和先决的条件，爱是需要通过关怀来被维持的，正是那些关怀的实践，才使我们能够进入一致性，这些一致性是存在于那个不同寻常的平面之上的。而这个不同寻常的平面，是并不存在的，所以，它才总是内在地看上去可疑和不大可能。

比方说，艺术作品，正是这样一些关于关怀的实践。但作品本身必须先被关怀：我们必须先被引导进这些对象之中，而这些对象本身又有起始作用。这就是苏格拉底在柏拉图的《伊翁篇》中所说的磁线和磁场。

如何进入作品？这个问题，在这个文化工业的时代里，在"文化民主"社会里，是我们所说的文化中介——一种高度机构化的方式所表达的"指引的问题"（这问题我前面已说及）。进入作品的问题，却又是一个关于秘传的问题：它是将观众引导进某种神秘之中的问题，而艺术作品内在地就是一种神秘，因为它将它所影响的事物投射到了另外一个平面上，一个本身不大可能的和内在神秘的平面上，至少从普通的存在 (existence) 的平面看过去是如此。而从基本生存 (subsistence) 的平面看过去，则更是如此。这一关于进入作品的问题，在每一个社会都会被提出，不论它是体现于巫师、武士（他进入了一致性平面，即他的自由）、官员、大师傅、艺术家，还是社会机构。可是，在现代艺术里，这一问题是以新的方式，如同一道裂缝来到我们面前。

这张新的账单是一道裂缝，这是我们为上帝之死必须付出的代价。我们通过上帝之死得来的奖励，是一种代价很高昂的错误，它也是我们圣猎 (chasse au sacré, 也就是说，作为隔离的非同寻常之物) 的战利品。圣猎也是破魅，正是在这个破魅过程里，现代艺术才作为世俗物的神秘，不再作为神圣物而到来——在破魅的世界形成的内在性中，它是对释放出新平面之存在的一致性的肯定。这正是波德莱尔所说的意思，他说这话时，想到的是贡斯当·居斯 (Constantin Guys) 和马奈。这也是德勒兹所说的一致性平面，即对这个世界的信念。这是一种内在性的秘传 (mystagogie de l'immanence)。

要"相信这一世界"，我们需要有一个一致性平面：存在从不足以满足信念。这一对一致性的信念 (它不是令我相信门后有某东西的简单信念)，是与作为动机的理性不可分的：在法语中，raison (理性) 这个词，也指"运动"背后的推动。信念瞄准动机，而动机又由信念构成 (这一秘传正是西蒙东所说的一种转导[transductive]) 关系)。我只能欲望我相信的东西：我的欲望的对象立刻 (在我想要它时) 成了我的信念 (在其无限性中) 的对象。同样的：我只能相信我 (无限地) 欲望的东西。

亚里士多德称这一欲望的动机为théos。这个théos是所有欲望的没有感觉、无法进入的对象。在这一意义上说，它是不存在的。亚里士多德说，任何存在物都是有感觉的，也就是说，都是可朽的，或"尘世的" (sublunaire)。théos是感——知性灵魂的静观 (theorein) 对象，因为它们欲望。正是通过静观，灵魂才通往——同时被提高到——不同寻常的平面。

7

今天, 在一个无爱的时代里, 我们要说爱一件作品, 是越来越难了: 我们只发现这件或那件作品是"有意思的"。"这件作品蛮有意思": 这就是"后现代式的"判断, 它既不肯定也不否定, 这在有教养的庸俗者那里, 最为典型, 而我们也听到得越来越多了。这是一种平庸的判断。mediocris (平庸) 从根本的意义上说: 指称一般人的一般判断, 服从现代大众社会的平均值。一个作品, 只有当它在第一时间激发了好奇心, 将它自己转变为神秘, 提高到另一个平面, 才发生作用:

正如龚古尔兄弟说夏尔丹 (Chardin) 的一件作品: 在某一时刻, "画被升高了"……

这是丹尼尔 (Daniel) 在拉斐尔作品前所说的话。他说, 需要看它五年, 这画才会上升起来。

只有在兴趣让位于惊奇之后 (après-coup), 作品让观众吃惊时, 作品才生效。正是在惊奇中, 通过惊奇, 对作品的热情才能到来, 作品才能产生一种悬浮

图8 《西斯廷圣母》, 拉斐尔, 1513—1514 年

的效果，也就是说，产生一种奇迹般的效果，因而引起发自内心的赞赏。

的确有一种艺术秘授的历史的一体性。当我经验了人们所说的一种作品神秘，或者经验了一系列这样的神秘之后，如美术馆、展览会或画廊里所展示的，这种一体性，就显现了出来。我突然发现自己处于一个被拉升的状态，可以说，那无法预料也无法理解：我正在过渡到另外一个平面上——在那上面，一种过头的，也就是说，一种更高的领会 (如果说惊奇 [sur-prise] 仍是一种领会 [préhension]，那么，它是一种更高的领会 [sur-préhension, 我造的一个法语词]) ，在这样一个平面上，它克服或越过了所有的理解或相对的领会 (com-préhension) 。

图 9　拉斯科岩洞的母牛壁画，距今 1.5—1.7 万年

这过程可以经由拉斯科岩洞的母牛壁画、古希腊的大理石雕刻、伦勃朗的人像，或者某神秘路径，如发掘同时代的艺术家以花体缩写签名的专论，来实现。艺术家与他的时代产生的跨个体化，

这是一种悬置，一种épokhè，因为它创造了时代性 (faire époques)：它成了我身处其中的一个时代，我被这样一种惊奇改造了。这样一种更高的惊奇，加上之后发生的，一起被西蒙东称作个体化过程中的量子跃迁。它也能构成艺术史中的一个时代，或在艺术家的个人历史中构成一个时代：在他的作品中。

丑闻本身也是一种社会提升，在这之前则是坠落。所以，其希腊语 skhandalon 的原初意义就是：陷阱。丑闻因为涉及一个过程，所以不限于心理上个人层次的提升。相反，它首先而且消极地构成了一种崩溃：是一种更高的领会，但它呈现为无法理解某物，不是单纯的无法理解，它与所有的兴趣和进入超感性的通道相反，它更像是抽了公众舆论一记耳光并违背其品味的那种震惊：它是那种压根没有什么趣味的，不值得产生兴趣的，因而在这一方面可以说是败坏道德的东西。

只有在丑闻过后，通过一种集体的个体化过程 (也就是跨个体化过程)，惊奇才出现——一个时代，也就是说，一种悬置，一种中断，将我们托起来。这一丑闻之后，出现一种集体的提升，但它只有通过某种像追悼那样的途径才会到来。

这就是为什么我们永不可能说，在当代艺术展览的开幕中，秘传只是一种神秘化而已：现代艺术起于丑闻，靠某种陷阱来达到巅峰，当代艺术也从丑闻而来，它需要一种事后效应，而它丑闻式的起源则赋予这事后效应正当性；这种事后效应在某种程度上便是先天的，它是心理和集体个体化的转变，通过这种转变，那善于玩弄丑闻的秘传家就揭示了艺术的秘传特征并塑造了社会性。

图 10 "伙伴们加油，我们要悼念反前卫。不要怀旧达达，让我们成为达达。"

如果"当代"意味着没有丑闻，那问题是要知道在什么情况下秘传仍是可能的。过去曾有一个丑闻的时代，那时，丑闻是通过违犯（transgression）来产生的。但在今天，情况不是这样的了。在今天，仿佛再也没有了违犯的可能性，仿佛我们再也不能从违犯那里指望到什么东西。或者说，再也不能从神秘那里指望到什么东西。仿佛再也没有了神秘。在我们的时代，黑帮和寡头们正没有羞耻地驱逐虽然很庸俗，但还是很有教养的资产阶级。

通过提升，作品才对我显得是作品，然而这种提升只有作为信念才能到来。这一信念是欲望，在这种欲望之中，判断才形成。判断一个作品，则是决定"爱"或"不爱"它。而这就是为什么，这样一个判断是业余爱好者的行为：正是业余爱好者以最多样的方式创造了艺术史。

今天的艺术作品，在很多情形里我们都不能绝对地说我们爱它们，或不爱它们：在这些情形中，爱，已没有任何意义。于是，人们倾向于去给出一个我认为很平庸的评估："有意思"或"没什么意思"。平庸可以很庸俗很粗鄙，我们要避免鄙视它（因为，在今天，谁还能彻底逃脱有教养的庸俗者这一命运？）：它是长久形成的，是被德国哲学家霍内特（Axel Honett）称作Mißachtung（这个字在法语里被译成mépris［鄙视］，它的字面意思是，一种"错误把握"［mistake］，一种"误当"［taking wrongly］，需要以我之前提出的一系列词语来理解：相对的领会，或者更高的领会）的痛苦。

8

当艺术以违犯的方式出现，也就是说，作为生成态度（devenir-attitude）的第一阶段，艺术所劳作的对象已不是物质，而是个体化过程。这就要求我们去思考一种超物质，而不是去思考什么"非物质"，后面我会重新回到这一点。艺术会想尽办法利用下面这一点：个体化是一个趋势、一种流动、一个过程，在这个过程中，形式变化、转换和流动，而这些形式总已是物质：色素、大理石、铜、照片、油画布、报纸、工业材料、玻璃、"现成"物品、铁轨、机械、装置……所有可以成为个体化过程：对象的东西，也就是说，可以将时间空间化的东西。这正是我所说的第三持存的角色，它们作为痕迹，规定了心理和集体的个体化过程的结构，而这些结构则是由持存装置 (dispositifs rétentionnels) 编织而成。

艺术先经由违犯，然后又成了态度，作为心理—社会个体化过程 (态度是它的内容，因而在这一意义上讲是最卓越的超物质)。艺术是一种转变的模式，这也是个体化的原则，但它的条件随时间而改变：在工业和后来的超工业活动中，违犯的构成物料越发过头，它们已经不再是用来生产形式的物质了。

个体化过程由一种感性谱系学形成的一般器官学诱导出的一种动态的限制所造成。在丑闻作为社会雕塑的技术的时代，也就是说，作为一种新的个体化过程时，可复制性——替代了在形式上迷惑人的装置和基质——(在语言转变为文字，又被印刷之后) 不仅仅影响了视听艺术作品 (比如摄影和电影)，而且首先根本地影响了我们日常生活中所有序列化的产品。它标志着再生产的一般领域的变化，这一变化造成了新的 (工业式的) 第三持存总体，它始于工人的姿势的语法化。

个体化过程的条件，是器官学式的：它们穿过知觉器官，但也不停地通过技术中介对这些器官集成加以重组。比如说，可以 (人工地) 通过乐器将耳朵和手连接到一起 (通过一个本身是人工制品的器官)，或在狭义的艺术史之前，艺术家用一根草来将色素吹到拉斯科岩洞墙上，这样他将嘴、眼和手连接到一起。

艺术史是对这些器官加以重新组装的历史：画家们用手去看，而在19世纪出现了音高和节奏的间隙记谱法后，音乐家们也能用眼睛去听了。这些组装是这样实现的：器官的去功能化和再功能化，包括感官、人工器官及其组织。而所有这一切，是与语法化并行展开的。通过语法化，连续性被隔离：言语、运动、姿势和被知觉的可见和可听的连续性被分离为可重新组合的、可操作的元素，并通过这一层面而实现了艺术作品。

去功能化和再功能化，与可感物及其相关的对象的器官谱系学的节奏相应（智性和它的理性、它的动机的整体），它们有一些特征：创造出了我们所谓的时代的断裂，并随着时间的推移强化了那些裂缝、脱节和不可理解性、危机与批判。在我们和肖维岩洞（人类历史上的第一批乐器据说也诞生于这一阶段）之间的那三千多年里，这一谱系学（它始于人化［hominisation］的初期，也就是二百多万年前）通过语法化达到了一种工业装置，当中，产生了感性和精神的机械转向——于是，所有的层面都成了可被算计的对象，也就是说，成了可被确定的对象：成了康德说的规定性判断（jugement déterminant）的对象。

正是在这样一种转变中，《泉》这样的非同寻常的作品才会产生于1917年至1963年，正是在这个阶段里，跨个体化线路进入了艺术史，这是今天我们所说的当代艺术的源头。在其谱系的这一阶段，文化工业组织以视听的权力来捕捉和系统化地转化力比多能量。视听权力的操作以时间客体的流动来模糊注意力，为初生的消费主义经济服务。感知器官最终变成了工业地被重新模化的器官集合的元素，而打头阵的是各种装置，如心理装置和感知装置，以及技术装置和社会装置。正是在这一新的游戏里，艺术跨个体化过程开始起作用。

艺术家们用所有这些装置来工作，用这些材料去生产出各种类型的持存性的材料：超现实主义者们运用了包括无意识的心理装置；表现主义者们动用了能改造现象的记忆装置，如保罗·克利在其《现代艺术理论》开头所描述的，如现象学装置 (波伊斯是其延续)；波普艺术动用了大众媒体装置，等等。所有这一切，都将我们带回到了一般器官学这一问题上。就这一器官学来说，知觉装置被重新检测、探索、布排，并且可能被改变用途，而这些经历深远地改变了这些器官学的活动的地位。

图 11　《我爱美国，美国爱我》，波伊斯，1974 年

审美判断引向个体化过程 [1]

1

大家都知道，艺术作品是既全然超脱于它自己的时代 (意思是 [我要用胡塞尔的术语] omnitemporel [全时间性的]，而不是 atemporel [非时间性的])，同时又独特地在它的时代之内形成，也被它的时代所塑造，从它所处的时代开始：乔托和达·芬奇，还有杜尚，之所以是全时间性的，正来自他们作品的时代性。在杜尚这里，这时代是一种去作品性 (désœuvrement) 的时代。杜尚不能出现在我们的时代，正如乔托不能出现于达·芬奇的时代。

但是，如果说在今天要去爱杜尚的一件作品，这是不可能的，因为在当中他自己就在质疑作品的特性了。那么，这个非-艺术家的全时间性，是由什么构成的呢？怎么让杜尚成为业余爱好者，甚至成为杜尚作品的业余爱好者？杜尚的爱好者们所爱的，是这

---

1 原题为 Mystagogie du jugement réfléchissant(反思性判断的制秘)。——译注

一心理个体化，它是非艺术的，它在我们隶属的集体个体化当中，心理个体化是它的沉积层，跨个体化的前个体的 (préindividuel transindividué) 基础，编织了一个跨个人化的过程，它历史性地、持续地跨越我们，就像是我们世代的。

2

艺术家是个体化的转导者 (transducteur)：在一个集体的个体化过程的力场之内，催化和疏导着各种力量——力比多能量。艺术家想要在这一集体的个体化力场内，设计出他们的时代所特需的跨个体化线路。艺术家"操演" (performe)，通过如"显现"一般地"说出"来编织时代，这种"说出"也就是解释它 (正是在这一点上，我们有必要重新打开与马克思之间的相关讨论，解释世界与改造世界的关系)。他们的操演性的线路构成了时代的动机主题 (motifs) 和略图 (monograms，取康德所指的那种意思) [1]。

所有心理个人都参与集体的个体化过程，后者构成了前者的时代。通过其作品，或者通过其去作品性的各种踪迹，作为艺术家或非艺术家的心理个人，以某种方式与集体的个体化重合，而这一重合是非同凡响的 (sensationel)。

自20世纪起，感性的无产阶级化的到来。很显然，如果不将我们的审美生活置于感性的谱系里，我们是不可能理解我们作为心智 (noetic) 存在的审美生活的。这种感性的谱系，必须建立于对这一

1　从杨祖陶先生，将 monograms 译为"略图"，康德在《纯粹理性批判》中将略图定义为"纯粹感知概念的图式"。——校注

技术生命形式的器官式生成 (devenir organologique) 的分析的基础之上。这一技术生命形式是一种会感动的存在，也就是说它可以从可感性中欢呼或惊叹起来，智性地在它所继承的前个体以及跨个体的基础上表达出来。这个惊叹 (ex-clamation) 预设了一种外置化，其中姿势和言语是首要的表现。

不过，这一身体-心理感性的谱系，预设了一个对跨个体化的社会过程的塑造。在这一跨个体化过程中，一件作品成为作品 (œuvrer)。只有这样，这些跨个体化过程，才能使技术制品的器官生成变得可能，而艺术就是其升华 (sublimation)。

只有将一件作品置于跨个体化线路之中，意思是，一件作品从中冒出、从中穿越，它之穿越是因为技术制品驱使它，与此同时它在其中创造出新的线路、动机主题、略图。当作品将这些线路、动机主题、略图在时间和空间之中人工地纳入这些跨个体化过程，它才能被尊为一件艺术作品。"作品"在这里的意思总是：它展开并超出它的时代，而且它也只有从它的时代出发才能展开 (也就是，作品的释放，像一个水手，他来自某处，才能去往某处)。

作品的全时间性，来自于它特有的时间性——这就是为什么作品不是非时间的：它是全时间的，因为它由自己的时间、自己的时代出发，无论那是历史的，还是原-历史的 (proto-historique)，或者前-历史的，它在所有的时间和所有的作品之中共鸣 (并且投射出安德烈·马尔罗 [André Malraux] 所说的"艺术的可能性"这一概念)。但它想要永久地和广泛地展开，这就全要靠它在自己的时间里找到养料和资源，以及，离开它自己时代的手段。而这些"手段"，则总是器官式的。

那么，杜尚有什么资源可动用？杜尚是从哪里找到养料的呢？杜尚的最根本的资源，就是他向我们指出的感性的机械转向 (turning-mechanical of the sensibility)。《下楼梯的裸女》和《泉》这两件相隔五年的作品，是来演示这一转向的两个版本和两个例子：技术复制在那个时代，正造成器具式的 (instrumental) 审美知识的丧失，同时也正毁灭着工人的行当和艺术爱好者们的实践。从那时开始，人们用不着学会如何去读，也用不着去学音乐的演奏了，也不会复制作品了；文学不再是教育小说，不再是生活转变的工具，也不是生活的艺术 (如自我的文化和技术)，而只是消费的对象和功能，或者说是所有工业生产的消费的组织：通过控制对可感物的和在去作品的时代里对作品的文化消费组织。

美学的新的经济功能 (这也发生于认知领域) 造成了受众的无产阶级化。而这种无产阶级化也就导致了汉娜·阿伦特所说的我们这个时代的特征：有教养的庸俗之普及。当时，杜尚就已在批判这个，而这种有教养的庸俗，随着安迪·沃霍尔和大众媒体的到来，又回流了。这也就是说，处于一个将变得更成熟的时代，能接受过去的经验，以及，消费主义正经由电视的扩张遍布全球的教训，同时也处于波普文化对达达主义的不断疏远和遗忘之中。

当所有知识都在机器里了，那种个体化过程怎么还可能呢？想要"成为一架机器"，正是要兑现这一限制性的问题。我们生活在一个感性的新的机械转向的时代里，也就是数码时代[1]。这既是大众媒体的结束，后者栖息在全球和工业层面上有组织性的衰退中，里

---

1 我试图在《生命中有什么使我们值得为它遭受活之痛？：论药学》(Flammarion, 2010) 的"那一问题的药学"一章中，详细列举构成极限的因素。——原注

面转导物 (objet transitionel) 变得畸形和悲怆; 但同时, 我们又在经历一个关怀的新时代, 在其中, 业余爱好者将会成为新的榜样, 它横跨当代艺术的场域, 好像由拉高夫 (Ralf Ruggof) 在旧金山的瓦利斯学院举办的"业余爱好者"这样的展览, 或由卡明斯 (Neil Cummings) 和兰多夫斯卡 (Marysa Landowska) 在伦敦的切尔西学院举办的"热心者"这样的展览, 或由贡德希 (Michel Gondry) 在巴黎的蓬皮杜中心所做的装置。

这一新时代正打开一个全新的器官阶段。它正在将业余爱好者重新定义为实践者, 同时也是批评者。但是, 如果实践首先意味着去分辨的话, 一个艺术的实践者首先必须是一个批评家。这就是为什么我们必须努力去理解业余爱好者在过去、当前和未来实际上分别是什么——也就是, 去理解批评与欲望之间的连接, 如果"业余爱好者"(amateur) 这个说法真的是从"amar"(爱) 这个词根里派生出来的话。

我将从这最后一问题开始, 和康德一起进入问题。我们将看到为什么康德的美学立场也必然会将我们引导到第二个问题之中, 也就是关于业余爱好者的爱这一问题中。

3

如果我们认真地看待业余爱好者, 将他看作是个体化的一个途径, 那么这恰恰是康德式的分析不会允许我们去思考的, 正如康德的分析也不会容许去思考批判以及判断力的历史条件, 批判能力在对作品的接触中形成, 而后者预设了一种实践或实习。

在上一篇的讨论里，我讨论到了审美判断这一官能，我们看到，康德是将它理解为一种普遍的品味的判断的，但这种普遍，是出于一种错失。让我们重新来思考这一分析。在判断美或不美时，我不得不这样做：

1.一方面是原则性地设定：所有人都应当与我作出一样的判断，因为只有普遍地美时，对我才显得美 (普遍性是美的感受的一个本质述谓 [prédicat essentiel])，没有这一点，那便不是美，而只是愉悦而已；

2.另一方面，又要在事实上指出：所有人都不同意我的这一判断，然而，我既不能在法则上 (en droit)，也不能在事实上 (en fait) 证明它的普遍性：我不得不这样承认：审美经验本身构成了一种不可归约的相位差 (déphasage) [1]——因此构成了必要的错失 (défaut qu'il faut)。

这样一个判断，只有通过这一错失，才是普遍的。在这一错失中，它在法则上是普遍的，被事实上判定为"多样的" [2]。也就是说，不光永远也不能得到所有人的同意，甚至也永远不能这样要求，因为，它根本上将相位差的必要性，判断为心理和集体个体化的条件；而这个相位差有一个更为人所知的代名词：独特性 (singularité)。

这个反思性判断并不是规定性判断，如果它倾向于普遍化——

---

1 吉尔伯特·西蒙东吸纳了物理学中"相位差"这个词来形容个体化过程中的变化。——校注
2 这也是夏莫瓦索 (Patrick Chamoiseau) 使用的概念。——原注

如果它在某种程度上讲，是潜在地普遍的——而无法被实现为普遍，如果它永远不可能在判断行为的最终的充足中被决定性地完成，那是因为，恰恰在保持这种总是未实现，有待到来的状态中，它打开了一个无限的跨个体化的线路之许诺（恰恰因为这一点，它就是全时间的——在阿波罗式节制中的狄奥尼斯式过渡）。

正是在这样一种不完全性里，才留给了无限一个入口，好像一种无法归约的神秘，当中，作品成为作品：这样，它才工作（œuvre），才激活自己（s'œuvre）。这样，在它作为其完整性的一种自明（évidence）给予我们的那一时刻，它超过它自身，越过了我们。也正因此，康德才能这样写：

> 我们徘徊在对美的静观中，因为这一静观增强并自我生产。

但我们将会看到，因为康德并没有在这里具体说明美指的什么，而只是来自某种作为艺术的作用（美在这里既指自然也指艺术），所以他无法将艺术判断看作是判断的人被他所判断的东西改造（transformation），就像"跨-个体化"。

即使他并没有忽视历史问题，康德所说的艺术也仍是没有历史的：艺术的历史仍不是个体化过程，而黑格尔则通过假定历史的终结来思考。而正是在对现代性的盲目的先知先觉中，通过波德莱尔和他的悬搁性（épokhalité），这一关于艺术的历史性形式的现象学将会被逆转。

我们与康德一起思考的审美判断，就它与艺术的相关方面来说, 属于一种精微和特殊的信念 (croyance)。在这种情况下, 是一种对于普遍的信念 (确当地说, 不是一种知识)。虽然这种信念并不真的存在, 但我们可与它邂逅, 而我们说的"存在"(能在时空中相遇) 其实也无非是指: 能被规定性地判断的对象, 因而是可被计算的。

但康德的审美判断问题, 事实上只会留下无法发声的批评: 除了一声惊叹别无话说, 因而也就没有了争论——换句话说: 没有分辨, 没有批判, 也没有判断, 就算批判这个字来自古希腊语的 krinon。这种对判断的先验批判, 会使对艺术品的分析和经验的批评, 作品的时间, 以及艺术的历史变得不可能。我们将会看到, 在某种程度上, 这正是19世纪末斐德勒 (Konrad Fiedler) 对康德的指责。[1]

4

为了推进这些问题, 我的论题将会是双重的:

1.一方面, 它将提出, 一个没有争论过程的判断, 不是一个判断; 而康德所说的因此也许仍然不是一个判断, 而是某一过程的第一个时刻, 它需要第二个时刻。

2.另一方面, 它将提出, 争论才能历史性地支撑起一个判断, 而这一支撑本身是被铭写在那种器官式生成中的, 并且构成艺术史的编织和线团, 它是在结构上的图式的投射。

1　感谢杰奎琳·利希滕斯坦 (Jacqueline Lichtenstein) 提供这条参考文献。——原注

感性的第二次机械转向的时代，也向我们打开了去无产阶级化的过程，也就是说，使我们进入了一个新的关怀的时代，我们需要做的是器官学式地研究审美领域中判断力这一官能的种种历史。

相反，从这一角度看，康德将判断能力理解成倾向于普遍性的判断，同时也是倾向于非-历史性的判断，由此，这一看法仍是很形而上学的审美哲学时代的产物。这个批评并不否定这个向未确定性开放的反思性判断力的理论。康德所想建立的，是一种判断力的前-历史（即先验）形式，这种形式同时中和了器官学和经验的材料（données），后者被容许构成为判断的历史性支撑。

在"纯粹审美判断的演绎"的段落中，康德自己明确地挑衅艺术理论：

> 如果有一个人在我面前朗诵他的诗，或是引导我进入一个剧情，而这最终并不合我的品味，那么不论是引用巴托还是莱辛，还是更加早也更著名的一些鉴赏的批评家，以及由他们所提出的一切规则来作证，说他的诗是美的；甚至哪怕某些我正好不喜欢的地方却可能与美的规则（如果这些规则在那里被提供出来并得到普遍的承认的话）完全吻合：我将塞住自己的耳朵，不会去听任何理由和任何推想，而宁可认真批评家们的那些规则是错误的，或至少在这里不是他们应用的场合，而不认为我应当让自己的判断受先天的论证根据的规定，因为他应当是一个品味判断，而不是知性或理性的判断。[1]

1　译文参见康德，《判断力批判》，邓晓芒译，北京：人民出版社，2002，33。——译注

从《判断力批判》所选的这一节中所提出的问题，重申了构成一种关于美的科学 (一种允许判断被先天根据决定的科学) 的不可能性，因而也就重申了审美判断的根本的自由，同时排除了品味可以是训练和长期养成的结果这一可能性——事实上也是注意力的培养。[1]

于是，仿佛，我的趣味是不可以改变的了。或者，换句话说，康德的趣味判断的主体，是不会被他的判断所改造的：他并没有被自己的品味判断个体化，在判断中，他也没有跨个体化 (他自己)。康德的分析想要归纳出来的，是让分析批判的契机变得不可能 (没有它就不会有真正的判断)，与康德相反，我们指出判断必须被理解成一个跨个体化过程的循环，这过程应包含三个契机：

1.领会 (摄取) 式的综合 (synthèse appréhensive)，将它自己表现为更高的领会 (sur-prehensive) 的因素；

2.理解的分析 (analyse compréhensive) (在《纯粹理性批判》中，通过再生的综合而被系统化)；

3.强度化了的再综合 (re-synthèse intensifiée)，它是通过全面理解和分析的契机而成为更高的领会的，这也开启了判断成为个体化的过程 (这跟康德所谓的确认的综合系统化)。

明显，在这关键处，我们须点出，这三个时刻是连接了想象

---

1 我在此列出的审美的主要原则，是我在 2002 年 4 月 21 日至 22 日作的"你想要做我的朋友吗?：爱、自爱、爱我们"这一研讨班中已列出的关注的形式的理论的特例。该研讨班内容后集结成书于 2003 年由 Flammarion 出版社出版。——原注

的三种综合的，这必须与《纯粹理性批判》中所出现的图型论 (schematism) 问题结合起来考虑。[1]

5

争论，最终也总是批判，只有通过一个分析的契机，才能形成。争论是先天地被排除在康德的审美判断之外的。而正是这一教条式的立场，为品味判断的先验定义确立了基础。

严格来说，这不是出自康德之口，他只是说这一判断不能由法则来决定，因为它是一种反思式的判断，必须将被判断的对象留在构成性的未确定里面。结果，事实上却仍然是：品味，作为官能，本可以是训练和教育的对象，本来与智力紧密相关，是被排除在康德对品味判断的思考之外的。因为后者对康德而言，永远是一个反思式判断。

只有业余爱好者的审美判断才是完全实现的。他们像艺术家一样，都是杰出的跨个体化的动因 (agent)[2]：这是一个熟稔作品的人作出的判断，他就生活在作品周遭，回到、徘徊于作品，正如康德关于美所说的，他等待着某种重述 (réintération)，某种重现 (répétition de leur présentation)。爱好者很清楚，根底里，首要地，作品绝不会一模一样地重返：它是开放的、不确定的、未完成的。这种相位差的经验就是个体化。业余爱好者的判断是一个包含三个契机的过程：

1　关于"图型"后面总带着具形 (figure) 的问题，请大家参阅亨利·詹姆斯的《地毯中的具形》这篇短篇小说。——原注

2　在下面我将细说这个修辞的含义。——原注

1.综合判断的契机，在这一判断的过程中，判断者领会（appréhender）了他所判断的东西的整体，但他的这一领会，是作为对一个惊奇的经验和测试而产生。这一惊奇，就是更高地领会的契机。也就是，那一作出判断的人，被他所判断的东西超越了，而这超越更超出他的错失。

2.分析判断的契机，它必然是在综合判断之后到来的，由综合的领会生产出来的。它倾向于造就更高的领会（从更高处领会，这只有当作品产生了效应，改造了判断者时，才会发生），而现在只是理解（compréhension）的对象。也就是说，成了分析性的领会，以及欣赏的对象，因而也成了确定性的对象，它不能再形成**一个统一体**，而是相反，**被弄得破碎了**，以便去理解这各个部分如何、为何、为谁，才在判断者的心中形成了一个统一体，才对那人显得完全是意想不到的，因而成了一个感叹的动机。

3.回到作品和它的幽灵的契机，强化了的、延异了的对更高的领会的时刻的重复。这延异是一种幽灵学，通过它，作为超出了分析的错失，轻而易举地，并且无休无止地重新开启了必要性：想要结束这个线路，也就是跨个体化过程，是不可能的。它大多数时候通过与其他业余爱好者和其他作品的邂逅来生效，既是作品的全时间性的来源，又是康德所说的审美判断的不确定性的具体化，但在此处，作为跨个体的过程，它经历的是分析的，也就是批判的契机，同时也是危机。

分析的契机永不能穷尽综合的契机：对作品的理解式的领会，支持了判断，但绝不能证明（démontrer）。这些分析的因素，是对综

合判断的支撑，也是判断者的拐杖，他判断一个改造 (trans-formé)
了他自己的作品 (也就是说作品正在工作，在生效)，希望与同好者
争论。这一争论过程，也是作品工作或生效的过程的一部分，因而
这些支撑又绝不能由演示式的证明构成。

　　但它们仍构成争论。这种争论针对"作品是关于什么的？"，针
对作品通过什么方式创造了条件，来让一种更高的领会，反过来，不
会被还原到这些特定的条件下，从而产生出更高的领会。争论也构
成一种测试，某种东西虽然不能被证明，但仍能被经历。会有更高
的领会，是因为在审美经验中，那些将被判断的对象一体化的人，
在审美判断中发现了一种难以计量的东西：一种无法比较的奇异
性，一种纯原始性。那就是一种负熵式线路的开端。我们已看到，由
于审美判断的对象是结构性地不可量度的，因此是不可比较的，所
以批判，在某种程度上讲，是不可还原地基于这个信念行动之上，
后者在更高的领会的契机中形成：对判断者而言，他的对象是与另
外的对象物不在同一个平面上的。它的的确确是非-寻常的了。然
而，它并不是信仰的对象。因为这一非-寻常性，只能从平常性中
冒出。

　　如果在分析的进取中真的有某种走向决定性东西 (从"决定
性的判断"这个词最严格的意义上来理解，也就是能拿出证明式
的陈述和确证的表达。而且，更一般地说，也就是能被归在概念之
下——归在范畴之下)，那么审美分析导向的，确切地说，就不是决
定性的。比方说，它宣称一个给定的作品归于某特定的艺术谱系。
它倾向的也是构成决定的条件，但那并不导向一个特定的决定：它
倾向于比较，导向可比性，在其中，我们尝试在各因素之间建立关

系，并描述它们。这些关系恰恰是我刚才已经谈过的支撑。

如果真的有更高的领会，这是因为，判断总是将对象独特化，因而后者不是简单地被归到概念之下的：也就是，如康德所说，归于目的[1]，一种被先天地建构的合目的性 (finalité)，以及完善的可能性。这就是为什么康德"无目的的目的性"，即没有法则可依。

6

作品，一般地讲，所有被判断为美的对象，由于它们往往对主体显得完美，给主体美的印象，同时也显示它们的目的性，在主体中转译成一种愉快的感觉。但这一目的是无法归约到一个概念之内的：它是不可决定的。作为情感 (affect)，它是主体在对象中或透过对象来投射和反射的。它是一种反思性的合目的性，没有由概念所给出来的法则。正因此，它是不可还原地负熵的。它是不规则的合目的性，是不规则性本身：是 (法则的) 错失的合目的性，是一种必要的错失的合目的性——错失恰恰就是合目的性。

尽管康德并没有思考到这一独特性本身，而且由于他不区分独特性与特殊性，他只是通过无目的的目的性这一问题，来向我们指出，在所有的"艺术的法则"的源头处，有一种无法还原的不规则性。这个不规则性是一种独特性，是作出更高的领会的动因。那一综合契机是那一更高的领会，不可确定且不可终止，因而构成一个"信念"的契机。而分析的契机，则是一个理解的契机，因而是一个论争的时刻，但这种争论既不是证明，也不是决定。与其说是决定，

1　对象的概念是对象的目的，因为概念也是对象的先天起因。——原注

倒不如说, 这一分析的契机是一种使不确定性增加的运动, 通过这一运动, 对象脱离了决定 (s'in-déterminer)。这个加强了运动通过比较和通约独特性, 而这种比较和通约最终也仍是不充分和不可能的。通过这种有限的比较和通约, 更高的领会徘徊在它的对象边上, 努力领会它, 同时理解它, 而这就通过一系列比较, 测试了对象的不可比较性, 这些比较在错失中揭示和描述了不可比较性。

在争论是什么支撑着这一综合的契机时, 那一分析契机是对那一促发了更高领会的惊叹的改造。那一惊叹是一次突破, 是在那个被堵塞的视野 (亦即一种内在的平常) 里凿出了一个洞。这些争论可以说打开了跨个体化线路, 就好像开出道路一样: 这一线路使更高的领会在业余爱好者身上、之间循环开去 (主要是通过比较和通约来进行的)。

这一循环——在其内里形成了伊瑟尔 (Wolfgang Iser) 所描述的审美效应——是通过内在共鸣而产生的集体个体化的结构化 (如西蒙东所描述的)。但这样一种改造, 在改造着进行这些操作的主体, 以及主体对于更高领会的经验, 同时它也将主体导入双层的更高领会 (surpréhension redoublée) 的经验中: 将主体导入一个新的惊奇, 一种新的综合, 好像重复中的差异般冒起——好像综合了的对象的整体性重复。

这一综合契机, 是一种在艺术业余爱好者交往的过程中产生差异的重复, 在既定的历史条件下它可能降临到我身上, 有可能, 甚至必然地在别人身上同时发生, 但在同样的条件下也可能不发生。实际上, 这些条件是**历史性的**, 因为它们是**动态的** (也就是说, **争辩式的**), 因为, 它们是由一种 (本原的) 错失构成。这便是为何它们事关危机的条件。而这是因为，在古希腊文中，一般而言的判断（krinon），根本地讲是一种危机（krisis）。

审美判断是独特的，因为它在情感上改造了判断者，这一改造，总是某种危机感（crise comme affection），作为一种情感（é-motion）出现，因而是判断者从危机中走出的行动：如尼采引用古希腊诗人品达所说的，通过决定，判断者才成了他现在所是的样子。

不过，康德的批判并不容许我们理解这一危机的批判层面（跨个体化的艺术模态），即使在他对判断官能进行批判时：因为康德的审美主体并没有被改造。《判断力批判》无法容许我们思考判断官能作为批判。在这种意义上说，康德的审美主体仍是不够现代的。这里的"现代"，是我们说"现代艺术"时的那种意思。

7

不过，对于《判断力批判》的必要的批判，不应该使我们忽视康德决定性地敲定的这一点：在综合的经验中，有某种对于不可能者（the im-probable）的测试，这一不可能者把判断者投射到某一具有一致性的非-存在的平面，在其中，被判断的对象总是在法则上呈现为普遍的，但事实上，永远不普遍。也就是说，它是一个根本上构成错失的对象，如欲望的对象。

从这一方面看，如果我们说审美地作出判断的主体，是一个无限性的投射者，那么我们现在必须说，审美对象是各种一致性的投射者。无限性的投射者给一致性的投射者带来了它的力比多能量

（作为升华的能力）。

综合与分析之间的差异，以及差异本身之中所含的差异，也就是说，一种延异，是无法还原的。但这一间距本身，是可减小的：如果它不能被消除，它至少是能被减小的。这就留下一个悖谬的结果：我们对于更高领会的全面条件知道得越多，这一更高的领会就越被加强。而那一间距越被减小，这两种判断契机之间的深渊（和由此唤起的情感 [émoi，分析企图通过理解来暂时消除更高的领会对主体造成的效果时所产生的效果总和]）就越开阔。仿佛，这双方上缘越接近，深渊的底部就越来越大，也变得越来越不可还原：这就是崇高。

在其根本的否定性中，康德的崇高结构中已包含弗洛伊德的升华（使崇高）问题。对美的判断，是对某种不可能性的经验，在其中，对崇高的判断揭示出了那种悖谬的经济（作为错失的经济），也就是说，这一判断的不可能，正是由于其对象呈现为无限性，而这一无限性，作为不可公度性，使审美主体向那个康德称之为超感性之物（the suprasensible）的崇高平面开放。这样一种开放，是处于和来自内在性的提升，也就是名副其实的升华。

欲望的对象，很一般、很结构地说，是一个并不存在的对象：它是一个内里无限的对象。正是在这一矩阵的基础上，在审美判断的综合契机里，我们才会邂逅（作为更高的领会）那并不存在的东西的一致性，非存在者（non-être）能够，比如说，呈现并显示为美，也就是说，在场。在分析性判断中，问题在于全面地确立这一点，这并不存在的东西的一致性，仍是内在性之中的一致性，在可理解之物中，以及，从其处出发。也就是说，在存在之物中，以及，从其出发，这一致性是内在的。一致性并不是回到超验之中的东西: 这不是信仰的对象, 也不是虔敬的对象。它是信念的对象, 甚至也是神秘的对象, 某种膜拜的 (cult) 对象, 正是它构成了"文化"。

兼有综合和分析的审美判断, 因而是本质地秘传式的。这意味着, 建立在使人目瞪口呆之惊叹基础上的审美经验, 是神秘的开启, 引向某种审美、某种改造式的神秘之中。恰恰是因为, 这一神秘对任何惊讶于此并感到很不可能的人, 都是改造式的, 而分析是这一开启中的契机, 一个第二契机, 这是起效的反思的契机, 是反思性判断中的反思的时间, 但它被重新导入到神秘之中, 成了对已然在延异中变化了的惊讶的重复, 而这延异, 就是跨个体化的线路。

如果更高领会式综合所生产出来的, 是种一致性秩序, 那么理解性地支撑这一综合的, 则是生存的秩序。这一生存, 只是通过错失, 来支持一致性。这支撑, 是通过艺术的规则 [也就是说, 技术], 通过装置或物质的机制 (包括现成品时代里的跨个体化的机制) 来构成的。它也参与到艺术史的个体化过程中, 像判断官能那样, 也构成了各种艺术的历史、作品的历史和对它们的判断: 判断官能的各种 (批判性) 历史。惊奇中的惊奇, 即理解性分析的过程中, 支撑物想要清理神秘, 反而加强了它, 除非这个对象最终给出否定的判断 (或者这一批判被作坏了)。

一致性越是受到支撑, 它就越会与它的支撑区分开来。神秘及其支撑物都是从技术撕开的裂口中而来, 而技术就是变化和经验 (经验要求技术的外化, 而这外化本身会打开那超出仅仅是生存 [subsistance] 之外的存在 [existence] 的新可能性)。但这样一种裂口之所以可能, 是因为欲望的对象由技术性构成: 技术性支撑着力比多经济，其中的各种一致性，被反思式地投射到超出寻常对象的非同寻常的平面上，同时也被投射到这些寻常对象本身之上。这一经济根本地构成了欲求的（也就是说，反思的、超感性式的）主体的升华能力。

批判能够并且必须为这样一种一致性提供技术性支撑。而这一技术支撑构成业余爱好者——名副其实的欲望者这一形象：会爱的人。正因为他也是一个批评家，因此业余爱好者不是消费者，他分辨，他能（至少他有潜力做到这个）从本我构成的综合性的更高领会跨越到本我存在的分析性的更高领会，而在后者中，本我坚持作为重复中的差异。

正是出于这一可能性，业余爱好者才能够与他人交换，他与他们共享一种由友爱建立起的同在（être-ensemble）。这同时会打开一个公共空间和时间，而这正是观众的对立面：这是批判式空间和时间，是（心理—社会的改造式的）个体化的空间和时间，因为，它是以"量子跃迁"的方式来运作的，也就是说，通过危机，其中的空间和时间就变成未决定的和无限的了。

汉娜·阿伦特所说的"有教养的附庸风雅的庸俗者"大量出现的时代，也是普鲁斯特在小说里写到的维都洪夫人的时代，也是达达主义与他们作斗争，为一种新的秘传时代提供基础的时代，后者处于现代艺术的核心，将促成我们今天所想象的当代艺术。

有教养的附庸风雅的势利者就是由"没教养"和庸常构成，它很快就被另一种进化所替代。在其中，反过来，社会开始只对那些所谓的文化价值有兴趣了。社会开始垄断"文化"，为它自己的目的服务，包括社会地位和素质。这与中产阶级在欧洲相对较低的社会地位紧密关联，当他们有钱和时间的时候，发现自己卡在了对抗贵族与鄙视普通工薪者之间。

我们应当注意到，在这一漫长的跨个体化的社会循环中，有教养的附庸风雅的势利时代的开启，见证了"普通人"狄德罗与凯勒斯侯爵之间的冲突。那完全可被称作是业余爱好者之间的争论。下一讲我会报告这一点。

马塞尔·普鲁斯特的《追忆似水年华》是对这一冲突后果的戏剧化。恰恰也是在那时，达达主义和杜尚，还有詹姆斯·乔伊斯冒了出来，这也就是在工业革命一百多年后的事。今天，我们处于另一个世纪的开端，当前的营销策略"口耳相传"正在导向一种维都洪女士那样的工作，并且"从各个阶层中招收"——容我引用马克思和恩格斯在定义无产阶级化这一概念时所用的话。

与这不论是有教养还是没教养的附庸风雅相反，业余爱好者试图在圈子的中心处引入一种交往，开启了共同体（通过神秘的激情）。业余爱好者没有被对他的欲望对象的秘传经验神秘化（群生的、退化的），他了解并经历了一个危机（自我转变），作品正是通过危机而奏效，业余爱好者所经历的包括：

1.证明的不可能：不可能证明作品实际上在奏效或工作；

2.支撑的可能：反对将所有都神秘化和共享——考验是可以被经历但无法被证明的东西。

一个作品的使命恰恰在把公众聚拢于这一对必要的错失的感受中，而它是由多种条件器官学式地决定的历史过程的标杆。

业余爱好者的争论

1

如果批评共同体是分析性的，而且如果，在艺术圈里，作分析的人是一个业余爱好者，那么，这个业余爱好者将永远有可能败落为一个有教养的庸俗者角色，甚至会败落为一种批判性的庸俗主义，如我们之前所谈的，这种极为复杂的品种，汉娜·阿伦特称之为：有教养的庸俗者。

如果对一件艺术作品的经验必然是种秘传的经验，而实际上，如果这样的一种秘传看上去总像神秘化，比方说，对于那些并不像我那样判定它为一件好的艺术作品的人而言，那么，批判性庸俗主义本身，就像亨利·詹姆斯在《地毯的图案》中所描述的，也会堕入分析式的神秘化之中。

这样说，分析就成了理解，但又难以达到我在之前的讨论中所说的更高的领会。问题是知道是否能从理解达到更高的领会，而不是相反方向。这就将我们带回了第一讲：这样的"理解"是在人们发现一件当代作品"有意思"时产生出来的。

对我们并不喜爱的艺术作品感"兴趣"，这种经验在我们这个时代与其艺术作品之间所维持的关系中，不光是普遍的，而且还是主导的。将这样一种智力的、理解式的"兴趣"变成一种无限性的引诱（没有后者便没有反思性判断，而只有简单的确定判断，比如说，那可能是社会学式的、历史的甚或经济和思辩式的判断），可能吗？在刚才讲的这一情形中，我们说的其实是要实现成一种与审美无关的"投资"的计算，虽然它绝对是秘传式和恋物式的，就好像我们描述商品一样。而对于那些超-庸俗者，亦即艺术市场的投机者来说，这正是变成"有意思"的艺术的命运。

当人们对艺术的"判断"只是基于"兴趣"，而并不是爱，当这变得流行时，一个庸俗的批判者的形象（一个多少有点教养的人，换个角度说，是没有什么教养的人），会成为社会的典范。因为这种"批评"并不再分析。批评者再也找不到别的东西来分析，而只分析他们自己的"兴趣"。因此，"内行的"和"分析的"批评家也可能会堕落成这种庸俗者，这种可能性，亨利·詹姆斯早在19世纪末就戏剧性地为我们展现过了。

我们必须先来分析狄德罗和凯勒斯侯爵之间关于判断艺术作品的能力的争执，我们称之为"爱好者的争论"。这一18世纪的争论，以提前逆转的方式，预示了批评败落为庸俗这一暧昧的命运。教养的庸俗者变成充满兴趣而且很审慎的人，热情地重复倾诉着，并且带着严肃的口吻，好像很重要一样："有意思……有意思……"

随着狄德罗和他的百科全书派的到来，业余爱好者成了一个很可疑的角色。首先，业余爱好者代表的是旧时代里典型的特权。但不久，这怀疑就被加到了资产阶级业余爱好者身上，正如罗兰·巴特所示范给我们看的那样（见其《奏听读音乐》[Practica Musica] 一文）：那些资产阶级业余爱好者既是庸俗的，也是有教养的。

至于我们，21世纪的阐释者，可能我们所有人，也都有点庸俗了，被庸俗化了，秘传者、神化者以及被神化的，不再相信神话或者去神秘化了：我们现在知道，我们将不得不去认识一种新的庸俗，一种非常没教养的庸俗（却以为自己很有教养），一定会比过去时代那些资产阶级更糟，成为我们时代的势利派：一种波布式（BOBO，波希米亚式的小资产阶级情怀）的庸俗，靠自己的口耳相传来获利。

2

庸俗者的问题今天谁也无法避开，它具体关涉到对一些暧昧物的转译，这些暧昧物正在破坏跨个体化的过程，因为力比多经济（跨个体化是它的心理-社会现实）正处于毁灭的边缘。

一种对庸俗者的真正考验于是出现了，像是我们的时代和我们的命运的典型标记。它在审美和"文化"领域中（生产出了米切尔·德基[Michel Deguy]所说的"文化性"[le culturel]）转译了虚无主义的效果。这种考验的出现在无爱的问题和爱之形象退缩的基底。这一退缩是随着某种器官变异而发生的。这一变异深深地打乱了力比多经济及其所编织的那些线路，而没有这些线路，力比多经济就会瓦解。

19世纪从一开始就卷入了感性的机械转向，这一器官变异是继之前一种新的跨个体化过程的建立而发生的。这个跨个体化过程构成了（审美）判断条件的革命，正是在这一基础之上，公众这一现代角色得以发明。这一巨大的转变开始于平民阶级的政治性崛起的条件齐备之时，也就是说，当交易（neogtium）的参与者，即我们所说的资产阶级得到了政治和经济的权力之时。

要理解这一阶级，要理解力比多经济作为权力的复杂性。杜尚和达达发起人特里斯坦·查拉以不同的方式一起攻击的这一经济，在今天已完全被毁。我们因此就有必要去检视那个著名的平民，也就是狄德罗，与那个大写的业余爱好者（Amateur），也就是那个握有判断的官方权力的人物，凯勒斯侯爵之间的那一争论。这是平民与皇家力比多经济之代表人物间的一次争论。

3

这一由狄德罗挑起的贯穿整个1759年的业余爱好者之间的争论，是原-革命（proto-révolutionnaire）的语法化和跨个体化的时代里的一个插曲。那一时代以"文字共和国"这一名字著称。那是一次理论上的冲突，由普通的"文人"如狄德罗和马蒙特（Jean-François Marmontel）来代表（后来则有梅希埃［Louis-Sébastien Mercier］加入），要反对的，是那些贵族出身的业余爱好者的实践，他们是旧政权所谓的具"天然品味"的贵族，也是"有出身的人"。

换句话说，关于业余爱好者的争论，挑战的正是这一皇家业余爱好者的合法性，后者，在文字共和国刚冒出来时，在皇家画院内构成了君主制品味的跨个体线路的基础。狄德罗所要挑战的首要人物，是凯勒斯侯爵。以下是凯勒斯侯爵两幅临摹拉斐尔的画作：

图 12 《教堂正面》，凯勒斯侯爵临摹　　图 13 《风景》，凯勒斯侯爵临摹

　　如果说他的贵族出身使他有资格声称他是业余爱好者，那主要是因为他的实践，而不是因为他的特权地位，他才认为自己有能力判断，才自称为真正的业余爱好者，也就是说，才能真正地去爱艺术作品。换句话说，如果他的品质能撑得起他的能力，"出身良好"的人是"有品质的人"这一基础，也只是一种潜在的力量。这种可能性仅限于贵族们，它需要的不是劳动上的，而是沉思式的实践。劳动，则是本身即平民的工匠们（其中包括文人）的实践，因而尽管他们也是实践者但不适合作出（审美）判断。他们的实践是劳碌式的。

　　凯勒斯在赞美和诠释拉斐尔的《基督将钥匙交给圣彼德》时，依据他自己做雕刻的经验为自己的说法进行辩护。

图 14 《基督将钥匙交给圣彼德》，拉斐尔，1515—1516 年

像许多业余爱好者那样 (马尔罗 [Malraux] 似乎也指出过)，凯勒斯是善于复制的：

> 将我放到能够讨论这一精神和艺术的大师之作的位置上的……不光是因为我用心地研究过这件作品，而且也归功于我所仿刻的这么多的木板；因为，在做木刻和铜雕时，我总是细心地去观察构图的关联和每一部分对于整体的必要性。我在刻板的这一头压下的印记，会使我弄清另外那一头的某些东西，最后就让我看出了我一直心存的疑虑。这样，我思考着那些伟大人物动手时的不同的路径，看到他们是如何到达我们今天看到的完美程度。[1]

这里的关键是通过复制来引导。而这一复制，并不是以艺术创

---

1 Caylus, De la composition, 1750, 由 J.-L. Jam 引用，见 J. -L. Jam, *Les divertissements utiles des amateurs au XVIIIè siècle*, Clermont-Ferrand: Presses Universitaires Blaise-Pascal, 2000, p. 27. ——原注

造为目的，而是分析式的：它允许我们理解这样一个创造性的作品是由什么构成的，以这种方式理解作品正是理解神秘，正如法国历史学家约姆 (Jean-Louis Jam) 所强调的：

> 对于一个业余爱好者而言，实践并不只是落实学到的技巧和怎样做的知识，来和艺术家看齐，而是要理解那条进入的道路，意识到自己的不足，这才能渐渐接近创造，因此领会其伟大与神秘。

而凯勒斯又补充说，这样一种复制，既是一种写作，也是一种阅读：

> 他自己的学习有多不完美，业余爱好者只好通过复制来学习如何阅读，他沉思他想要写的东西；写时，其记忆的踪迹更深刻了，对他自己所做的东西的厌恶，使他能知觉巨匠们手下的精致和美。[1]

凯勒斯宣称业余爱好者之公众是阅读这被称为绘画的涂写（γραφειν）的公众。从这角度看，他宣扬一种贵族式的审美多数派，相对于之后才被称为启蒙者的多数派。从狄德罗到康德，启蒙者将延续争论，质疑那仍旧是贵族的特权。

---

1 Caylus, De la composition, 1750, 由 J.-L. Jam 引用，见 J.-L. Jam, *Les divertissements utiles des amateurs au XVIIIè siècle*, Clermont-Ferrand: Presses Universitaires Blaise-Pascal, 2000, p. 27. —— 原注

1748年，在凯勒斯写这些时，"业余爱好者"仍只是由国王向贵族成员授予的官方职位。"业余爱好者"与职业艺术家—工匠一样都是在皇家画院。这个画院成立于1648年，但只有从1663年开始，其章程里才出现"业余爱好者"这个词：

> 确切的含义是：它从此意指"那些有条件的人"，被邀入学院，与工匠们一起，来为这个创作群作贡献"。坐在院长的左边，业余爱好者是在由皇家授权的学术系统的框架内来展开工作的，以便管理绘画艺术这一特殊领域。[1]

而那个平民，狄德罗，却谴责这一君主制的跨个体化线路的组织方式的神秘化，旧制度里典型的品味判断正是透过它形成。利希滕斯坦向我们指出，通过这一关于业余爱好者的争论，狄德罗打开了那条美学之路，而康德在这条路上一直走到了顶峰。我在之前的讲座里提出了这样的观点：这一套路原则上排除了批判作为分析能力（不单是作为先验原则，也就是说，主体的先天结构，在这个意义上也是综合能力）。

4

一种历史性的、革命性的语法化阶段的具体化，由印刷技术开始，并通过宗教改革和耶稣会、文字共和国，来发展成那个启蒙的

---

1 Caylus, De la composition, 1750, 由 J.-L. Jam 引用，见 J. -L. Jam, *Les divertissements utiles des amateurs au XVIIIè siècle*, Clermont-Ferrand Presses Universitaires Blaise-Pascal, 2000, p. 22. ——原注

世纪。在不到四十年后，康德将启蒙定义为在"阅读的公众"之前，并通过它，来赢得大多数。"文字共和国"促成了新的跨个体化线路的建立，因而也导致了一种新的权力："文人"的权力。文人的力量象征了"被照亮的君主制"，正是以此名义，从1759年开始，狄德罗与凯勒斯侯爵争论时，站到了工匠的一边。这些工匠虽然是实践者，却拥有如此少的判断权力，因为，像狄德罗自己，他们只是平民。

让我们注意，正如阿伦特所提醒的，古希腊当然也建立了某种新的跨个体化线路，确立了贵族市民的特权，质疑艺术家的判断的合法性，即斐德勒所说的"艺术判断"：

　　那赞扬对美之爱和心灵文化的同一班人，面对艺术家和工匠时，却都怀着对古物的深深的不信任，而正是艺术家和工匠们，才使各种物品呈现和被惊叹。希腊人，要不然就是罗马人，专门有一个词来描述这些庸俗的人，而这个词，很奇怪地，居然派生自一个用于表示艺术家和工匠的词：$\beta\alpha\nu\alpha\upsilon\sigma o\varsigma$（机械的）：做一个势利者，做一个具有机械式心灵的人，表示其有一种格外功利的情性，不能脱离事物的功能或功利地去作出判断。但艺术家自己，虽然也是$\beta\alpha\nu\alpha\upsilon\sigma o\varsigma$，但不归入被指责的庸俗之人的行列；相反，势利被看作是一种邪恶，这尤其会对那些掌握了技术（$\tau\epsilon\chi\nu\eta$）的人，那些制作者和艺术家，造成威胁。在古希腊人的理解中，对爱美（$\phi\iota\lambda o\kappa\alpha\lambda\epsilon\iota\nu$）的赞扬，和对美的实际生产者的蔑视之间，是不矛盾的。

后来将成为艺术作品中间人的狄德罗这时开始上下运动，就想建立一个新的跨个体化线路来反对法兰西学院。而这个运动，后来由梅厄西耶 (Louis-Sébastien Mercier) 接手。梅厄西耶在1781年写道：

这些[学院人员的]特定品味，是无法形成一般品味的。

这里，"公众"的概念开始出现，康德将其定义为多数人。换句话说，"公众"是指一种跨个体化的新线路，这种线路推动了一种新的心理和集体的个体化过程。在18世纪末，实际上就是在旧政权末期 (但约姆在他的《太太学堂的批判》里写到，这起于莫里哀)，人们将工匠、业余爱好者和公众对立。公众对艺术产品的判断应当占上风，因为"他们是无利害地来判断的，也因为他们是通过自己的情感来判断的"[1]。

相反，凯勒斯侯爵反对公众的庸俗和荒谬的品味，对他而言，业余爱好者天生便被赋予这种天然的品味，后者构成了"艺术唯一的组成部分，爱好者对这部分有确实的权利，他也应该不容置疑地来宣称这一权利"，"天然品味是 […] 业余爱好者的首要优势；它是一种天赋"。

这一争辩的高潮是在1759年，那一年也标志着一个时代的结束和另一个时代的到来。在这另一个时代里，公众的判断权之中发生了一场革命，不光在美学上，同时也在政治和知识上。

但是，对于凯勒斯侯爵而言，正如我们所看到的，出身良好的

1　Dubos, *Critical Reflections on Poetry and Painting*, Vol. II ,1755. ——原注

人所具备的天赋仍不是自足的。对于业余爱好者的高贵品质是这样，对于平民也是这样。只有实践才能真正实现这些潜在的好趣味。这种实践，正如约姆所分析的，首先是不断地接触艺术作品，从中才能发展出比较的能力：

> 只有"习得的品味"，也就是教养所得的天然品味，"通过不折不扣的研究学习，将能够领会到批评或赞美"。业余爱好者天然品味教育的最基本方式，仍依赖于接触和比较作品。

然而，这样的一种比较能力，是需要器官学式地被培养的：正如我们所看到的，只有通过复制的劳作，它才有成效。手工的复制和对所需技术的掌握，是传授判断方法，因而也是跨个体化过程的条件。作为判断的分析性教学的时刻，复制工作是对趣味的真正书写。正是为了反对以上观点，狄德罗才将以一种更高形式的书写的名义来反抗：一种思辨的形式，属于文人的方式（这些文人也是工匠，后来他们要求获得"专业人士"的地位）。

不过，通过复制来观看作品这一做法，并没有随着贵族及其业余爱好者的消失而消失。胡贝尔的油画《卢浮宫大画廊的发展项目》，显示出公众（卢浮宫在非周末的时间里向艺术家开放，而周日是对每一个人都开放的，其中不乏庸俗的平民）都是复制者，他们不只是将手插到口袋里看画，而是绘画，有时，画油画。

德加、塞尚和所有其他的艺术家们都将到卢浮宫里。对于他们而言，美术馆首先是一个工作的地方。但由业余爱好者组成的公众来这里复制，再生产着（re-produire），并仿制式地生产着（reproduire)。这些复制者们像麦尔维尔的小说《巴托贝》中的男主人公巴托贝那样地复制着，而小说作者麦尔维尔自己，作为小说《白鲸》中《圣经》的读者，也复制着（他打乱了其顺序并且复制它）。后面当然还有布瓦尔（Bouvard）和佩库歇（Pécuchet）[1]，以及他们的作者，也就是作家福楼拜自己，也来这么干了。根据他自己的讲述，福楼拜消化和复制了三千本书，以便写出他自己的《庸见词典》的小说般的导言，这也就是发生在维都洪主义（verdurinisme）和杜尚做他的作品《泉》的前几年而已。

5

关于业余爱好者的争论的重点在于"（涂）写"（γραφειν）到底是什么意思。这个词，在古希腊语中同时也指"绘（画）"。这种被叫作涂写的能力，允许个人既形成其判断，产生心理个体化，又使这一判断得以流通：使它公开、公共，因而使个人通过对跨个体化过程的线路的书写的贡献来投入集体个体化。

而这也是一个重复的实践时刻，如果不是复制，至少也是一种阅读和破译。一位伟大的20世纪文人，罗兰·巴特，在其著作中，将此称为"开耳"。也就是，懂音乐的耳朵是被训练出来的。在一只耳朵被开放并受训练的过程当中，作品呈现为作品就如手眼相配合的训练。通过阅读乐谱和用乐器来启蒙耳朵，这种方法本质上是身体性的，也就是说，与运动神经相关，必须被理解为是一种通过眼读来进行的演奏。

1　福楼拜未完成的作品《布瓦尔和佩库歇》中的两位主人公。——译注

这里，喜欢意味着演奏，而演奏，则意味着阅读。通过爱——如果没有爱，就没有业余爱好者——涂写。阅读由此成为了理解游戏，明显地与器具挂钩了。然而这种对自己的耳朵的培训（通过用手演奏乐器，同时整个过程又是一种眼读），一个完全的器官学过程，显示了一种全新的跨个体化线路。巴特自己就这样在钢琴前面对舒曼的钢琴作品选进行理解和阐释。钢琴压根不是贵族的乐器。占有和练习钢琴是资产阶级身份的标记。

6

狄德罗和凯勒斯侯爵的争论的要点——在美学意义之外，也有社会意义，都是实现革命式的跨个体化线路所带来的巨大转变之症状——在于书写装置（涂写［graphein］的泛义）可以被动员到对于公共品味的教育之中。

至于我们这个时代，这个公众品味已被苏联的未来主义者们狠狠地抽过一记耳光的时代，这个口耳相传的时代，上面说到的需要器具演奏着来阅读和阐释的问题，已处于一种新的器官学里，后者给它加上一个因素：这一新配器（appareillage），是一架巨大的打字机，已成为科技的和工业的了。在这里就涉及一种涂写，它离散化并复制一切动作。这构成了一个全新的书写化阶段，而其代表者就是杜尚的新秘传。

随器具的工业化而来的是无产化的消费者和生产者。于21世纪初出现的新的技术配器，造成了新的断裂。这使得业余爱好者再次出现：有配备的业余爱好者。如果19世纪的音乐业余爱好者们已有了乐器配备，如果音乐上的感性的机械转向（这种由新的乐器，比如说，收音机和唱片，所生产出来的感性），在20世纪初短路掉了这一配器，那么，在今天，数码工具正在使各种新的实践冒出来，后者重新构成了跨个体化的长线路。这个议题，就是我在法国主持的创新与研究所、工业技术协会的建立基础。

在说到这些之前，让我们仍然与巴特一起，来探讨一下通过演奏乐器来听音乐这一问题。就像凯勒斯侯爵一样，巴特视musica practica（器具和配器式的练习）为接触所爱之音乐的唯一真正方法。他惋惜这种练着乐器来听音乐的风气的消失，以及随之而去的音乐业余爱好者——如果不是音乐家们也彻底消失的话：

> 定义业余爱好者的是其风格（更甚于技术上的不完美），今天再也找不到业余爱好者了：那些职业乐手，纯专家们，他们的训练对于公众而言仍然属于难懂的（ésotérique）……从来拿不出哪个完美的业余爱好者所能奏出的音乐，其演奏质量堪比李帕蒂或潘扎尼，但它在我们身上触发的，不是满足，而是欲望，那种我们自己也想去动手弄音乐的欲望。[1]

在巴特的这一文本中，一种更近的对立出现了，这是一个典型的20世纪式的对立：业余爱好者和职业艺术家之间的对立。正如我们已看到的，这一对立与"工匠"的社会性和革命性的重新合法化（relegitimation）相连。职业化不再将理论与实践对立，而是使近

1　Roland Barthes, *L'obvie et l'obtus. Essais critiques* Ⅲ , Paris Seuil, 1982, p. 232.引文中两处仿宋字，"不是满足，而是欲望"是我所作的强调，"动手弄"为巴图所作的强调。——原注

乎完美的技巧性 (这是在职业音乐家之间的竞争中形成的) 与激情 (这可以用来定义所有的业余爱好者们, 以及他们的风格, 它"更甚于技术上的不完美") 互相对立了。这一变化发生于资产阶级淡出之际, 尽显于巴特将在其作品中不遗余力地批判和使其去神秘化的"小资产阶级"身上。这一变化, 被铭写于历史, 当中——除了"另一批公众, 另一些曲目, 另一种乐器"——musica pratica消失了:

> 它最初是与有闲阶级 (贵族) 相连的, 随着资产阶级民主的出现 (钢琴、年青姑娘、沙龙和小夜曲) , 它渐渐淡化为一种庸常的仪式。然后它就被彻底抹除了 (今天谁还弹钢琴呢?) 。要在西方发现音乐练习, 我们必须找到另一批公众, 另一些曲目, 另一种乐器 (青年、歌谣和吉他) 。同时, 被动的、只听不奏的音乐, 声音成为了音乐 (音乐会、音乐节、唱片和电台里所谓的音乐) : 演奏的人已不再存在) 。[1]

业余爱好者共同体已集体移民了。在普鲁斯特的《盖尔芒特家那边》之后, 是《去斯万家那边》, 也就是维都洪们, 和其他或多或少有教养的庸俗者——通过这些人, 激活, 有时甚至点燃了业余爱好者的秘传, 使之有可能转向神秘化 (这是《追寻逝去的时光》里的大题目) ——之后, 它走向了年轻人那里, 走到了他们的"反文化"里, 激活了、开发了、最后也许虚耗了营销和文化工业。

演奏从"音乐"中的消失, 以及, 从文化工业时代里的审美经验

---

1 Roland Barthes, *Image-Music-Text*, Stephen Heath trans., Fontana Press, 1977, p.149. ——校注

中的消失，是由感性的机械转向导致的。而正是这种感性的机械转向导致了跨个体化过程中器官学的短路。这一跨个体化正是《追寻逝去的时光》中维都洪夫人对什么都要大惊小怪一番的原因（而正是这种跨个体化过程骚动了她，使她不与自身保持一致性，同时使斯万难以忍受），因此跨个体化断裂了。

正是通过录音带式的模拟记忆（hypomnemata），文化工业得以消灭业余爱好者的演奏（也是今天虚无主义扩张的条件之一）。它们换之以一批不会动手、不再知道如何阅读音乐的公众，这情形导致了这批公众及其判断的短路，代之以收视率（比如法国电视台的收视记录系统Audimat）和平均的品味。平均，也就是平庸。公众也很快被扭曲，于是也变成了听众。从那时开始，一切不再是关于质量，而只是关于数量的问题了，也是关于投机的问题了，后者也与狄德罗所理解的这个词很不同。于是，艺术市场的统治变得非批判了，不再与其自身利益之外的东西相关了。

巴特描述的这种同时奏读听的音乐练习，却假设了某些器官学条件。第一个条件是业余爱好者阅读和理解的记谱法的出现。一千年前，间隙记谱法通过在空间上离散地记下音乐的连续性，革命性地改变了音乐。它构成了一个书写化过程，这其中，音乐进入了一场真正的革命，直到模拟式录音摧毁了由这一革命而形成的公众，代之以另一批公众、另一些曲目和另一种不再是钢琴的乐器，即青年、歌谣和吉他。

巴特或许也可以谈到年轻的查理·帕克（Charlie Parker），他拼命地学习唱片上播放的李斯特·杨（Lester Young），正如在同年（1937年），巴托克通过将爱迪生发明的唱片机放慢，来研究特兰西瓦尼亚音乐一样——实际上，巴托克还因此认为，爱迪生才是音乐学的真正奠基人呢。

7

　　一个业余爱好者是一个心理性的个体，其心理装置一直被一种批判装置加强，同时也由一种实践知识、一种器具、一种社会装置器官性地配置着，它们支持着跨个体的线路，后者也因此而可能。不过，在20世纪，模拟式可复制性的装置已完全重组了心理和集体的个体化过程，它们短路了心理装置，通过将它与技术和社会装置切开来解除其武器，而后两者则是构成业余爱好者的跨个体线路的必要元素。

　　至于我们，在21世纪的开始，也就是这些不再生活于资产阶级社会，而更像是生活于黑帮社会的人，正面临大规模的器官学式改造。一种新的语法化正在形成，在跨个体化线路的构成和配器中，又打开了至今从未见过的可能性。实现于数码构架中的语法化，形成了一种正在深刻地重划工业劳动分工，及其相关的社会关系，也就是跨个体化线路的技术性的"毛细现象"（capillarité）。它质疑生产者—消费者对立，逆转了确立于约一百年前，杜尚在小便池上签上R. Mutt这个假名的时代里的情形。

　　《泉》也只有在1912年杜尚画出了《下楼梯的裸女》之后，才能出现。同一年，苏联未来主义者们发表了《给公众品味的一记耳光》，而泰勒发表了他的《商店管理》。根据杜尚自己所说，《下楼梯的裸女》在绘画中采纳了马海（Etienne-Jules Marey）和莫勃里

奇 (Eadweard Muybridge) 用来描述身体运动生理学的记时摄影 (chronophotographie)，亦即对可视物的器官学式语法化。也正是这种对身体运动的语法化，才使泰勒的劳动科学组织理论变得可能。这一语法化的工作理论，也将被亨利·福特应用到他1913年在美国建立的第一条汽车组装生产线，后者在密歇根州生产出了T型福特车。

这样，一种新的社会组织就被建立。这种组织不光建立在被无产阶级化的生产者的姿势和身体运动的语法化之上，也建立在对消费者的无产阶级化之上，后者的实践知识正慢慢地被消费主义的营销所瓦解。口耳相传是其最近的一个阶段，从属于数码毛细现象 (capillarité numérique) 阶段。

当杜尚在大规模生产的小便器上写下他的造假签名的那一刻，伯内斯正在美国展示其基于对弗洛伊德也就是其舅舅的研究之上的公关理论。伯内斯是将消费加以科学化组织的前驱，而福特也是一个思考者和实践者。而这一切发生时，在莫斯科，布尔什维克正在推翻沙皇。与之同时，格劳兹 (Grosz) 和赫兹菲尔德 (Herzfeld) 也喊出他们的标语："塔特林的新机器艺术万岁！"[1]

随着文化工业的发展——尤其是1911年第一个电台在好莱坞的建立，并且，在这同时，承装福特第一条汽车流水线的车间，也开土动工了——营销也将形成一种工业心理权力，它使用了来自感知的语法化的模拟装置。这些东西首次出现于19世纪，与摄影、唱片和电影一同到来——马海和莫勃里奇的时间摄影起了决定性作用。

1　Didier Muguet, *Fusionner l'art et la vie I, L'intuition du "caractère ouvrier" du travail intellectuel chez les constructivistes russes*, http: //www.multitudes.net/Fusionner-l-art-et-la-vie-I/.——原注

心理技术利用心理权力来控制心灵，转而控制身体的行为运动，同时开启了复制时代。而本雅明将从艺术作品的观念、概念来分析这个复制时代的意义。这些心理技术是系统地捕捉人的注意力的装置，它们构成消费者的环境，而且造成了跨个体化过程中的短路（在这之中，本雅明主要看到了一种在墨索里尼、希特勒和斯大林时代的政治力量。像弗洛伊德那样，他看到了美学已服从新的消费主义模式的经济律令）。

这样，随着业余爱好者被缴械（正如我们缴一条战船的械），公众成了听众和观众。更有甚者，消费者们的身体，同时也是生产者的身体，当它们为生产装置服务时，它们的运动机能根据其他的模式被语法化了。被无产阶级化的工人，成了被无产阶级化的消费者，他们不仅要更新其工作的气力，也得更新其购买能力了，不仅要加入生产努力，也得加入消费努力了。于是，19世纪的生产主义，就让位给了20世纪的消费主义。

在1917年，杜尚处于工业资本主义时代的最前线。在这个时代里，对生产者的身体和姿势的书写化，已发生。它起自18世纪的沃坎森（Vaucanson）和雅夸德（Jacquard）（织机机杼的发明者），由亚当·斯密在1776年加以理论化，之后又由马克思和恩格斯在1867年将其理论化。这也只是在杜尚的《泉》展出前四十年发生的，那其实是很短的一段时间。短到什么程度呢？短到只有德里达的《论文字学》、福柯的《词与物》与我们今天之间的距离，甚至短于德勒兹和加塔利的《反俄狄浦斯》与我们的距离。在1917年，杜尚刚好处于这一刻：通过调控心理技术来将消费者语法化，这刚刚开始，这一发展是马克思没有思考到的，葛兰西也低估了它，而这语法化将彻底瓦解整个资产阶级。

这就是现代，不光是感性进入机械化转向，而且，所有的知识形式（实践知识、生活知识、理论知识），也都进入了机械化转向，从中导致了普遍的参与的丧失，也就是说，造成了与象征环境的脱节，造成了一种去象征化，类似于跨个体化过程中的短路，后者则由工作环境构成，在工业化之前，工作的世界也是一个象征环境，将无产阶级从跨个体化的线路排斥出去。

在这个世界，它由工人的姿势语法化所改造，然而后者变得如此无产阶级化；它同样也被艺术家们的姿势的语法化所改造，是艺术家使这一平常的世界的发展变得非同寻常，但最后，艺术家自己却也被机器和装置排斥出了对于可视性的（再）生产。正是在这个世界中，那些将变成消费者的人的行为也同样地被语法化了，被剥夺了实践知识，丧失了个体化，而资产阶级——原本是杜尚的作品的对象，巴特也来自那里——最终将被吸收到"中产阶级"之中。正是在这一世界中，《泉》才能通过制造出丑闻震惊它的时代，之后我们可以说，将它跨个体化。

9

今天，文化营销剥夺了语法化的药学特性，同时还有秘传，它总有滑向神秘化的可能，从古希腊之后，它在世俗化和平庸化，亦即语法化中成长。这一剥夺瓦解了我们批判的空间和时间，毁灭了艺术的公众，而且更普遍地，也毁灭了所有精神作品的公众。这一语法化的最新的阶段，是各种跨个体化技术或关系技术（relational technologies）开始发达的时代，"社交媒体"则是其化身。

这些"社交网络"不光"具有社会性"，而且也"具有技术性"，并且是工业式地可控制的：它们最后成了社会权力的社会技术，好像心理技术之于心理权力、生物技术之于生物权力一样。

就这些社会技术自动地将社会关系形式化（通过所谓的元数据［metadata］）而言，数码社交网络形成了一个社会关系本身的语法化过程。它们取得巨大成功出于多重的原因，其中最主要的是，由生产者和消费者的无产阶级化导致的跨个体化短路，导致了社会关系纯粹和简单的瓦解。在这条件下，社交网络出现了，特别是专为年轻人而设的那一种，成了一种可能的替代品。

在社交网络中，我们宣布和宣称别人是我们的"好友"，与此同时"好友们"马上就在索引的经济战争中，成为了元数据。这些社交网络只是一种电脑辅助生产的形式，用以取代友爱（philia）。这里，服务的技术，本质上是一种关系的技术（这些关系的、跨个体化的技术在关系美学艺术发展的同时被推广了），将综合地重组（人工地、工业性地）自己的发展所摧毁的社会连接。

尽管如此，这一情形仍然是药学式的。这意味着，如果这一逆转将公众变成听众，反对跨个体化的短路的战斗是可能打赢的，而且那必须是通过投入当前的语法化，以及所谓的"社交网络"中，才有可能。我们必须慎用构成批判时间的跨个体线路在业余爱好者的圈子内所形成的可能性，来形成新的批判空间。

10

正是为了构成这样一个由批判的跨个体过程所编织而成的时间和空间，同时这些过程能够在业余爱好者之间被广泛地分享和散播，我们创新与研究所才制作了一款叫作"时间线"(Ligne de temps) 的软件。

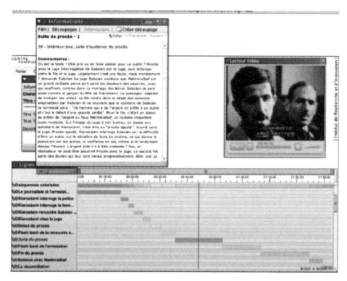

图 15　时间线软件，创新与研究所开发

通过使连续的时间流离散化，时间流的领会容许更高的领会发生，这就是时间线这个软件的构成，它将成为把电影流数码式语法化的装置。它容许我们分析式地进入构成电影的各离散单位，注释它们，重新安排它们，并在此基础上，去生产出我们在创新与研究所称作"署名观看"的结果。时间线因而能让人们印证，通过分析式判断，综合判断，首先是由对整部电影的时间的理解构成，这种理解会随着电影的放映沉淀并结晶为某种更高的领会。

自动化社会里的超控制艺术 [1]

1

我十年前就提出这样一个论点：我们已进入超-工业 (hyper-industrial) 社会，我们的时代正遭受一种巨大的象征苦难。而这种象征苦难，将导致对欲望的结构式摧毁，也就是将要毁灭力比多经济：投机式营销已一统天下，正在系统地剥夺我们的驱力，这种驱力已被剥夺了所有的关联。这种象征苦难来自于，照多南 (Nicolas Donin) 的说法，感性的机械转向，这一转向将个体的感性生活永久地交给大众媒体来控制。

象征苦难和对欲望的摧毁，是既与经济相关，也与器官相关的。它既事关消费模式，也事关那些捕捉和驾驭消费者的注意力的工具，这最早是在20世纪初由文化工业和大众媒体来实施的。这些被市场营销所控制的工具，绕开和短路了消费者怎样生活的知

1　原题为 Société automatique(自动化社会)。——译注

识。消费者因此被无产阶级化了，正如在19世纪，生产者被短路掉了他们动手制作的知识，和如何制作、如何行事的知识，这一步在20世纪初就已充分完成。注意力变形：

1.注意力本来是通过教育来形成的，经由第一或第二认同，而这两种认同构成了几代人之间的联系，在这一代际联系中，如何去生活的知识，才被详细制定；

2.养大一个孩子，本来是要独特地来传输知识，而孩子们也会这样独特地去传输，传给他们的同志、朋友、家庭和同辈，不论远近的；

3.由所有这些通过教育而形成的东西，包括教学，正被工业式注意力捕捉系统性地扭曲。

欲望的经济是通过认同和跨个体化过程来构成的，它编织进代际间的关系，是一系列通过将驱力的目标转移到社会投资上来约束驱力的容纳能力。对于关注的工业式扭曲和转移，会短路和绕开认同和跨个体化过程。这就是我说的象征苦难，它由消费资本主义强加，这等同于脱象征化，不可避免地导向力比多经济的毁灭。

在20世纪下半叶，工业式注意力捕捉的对象不断低龄化：20世纪60年代，青少年的"开脑时间"（availabe brain time），成了视听大众媒体的第一争夺对象，在法国是通过那些所谓的"边缘"电台。但到了20世纪末，婴儿的开脑时间也成了争夺目标，通过所有方式的节目和电视频道，来使它脱离其情感和社会的环境。

图16　看电视的儿童

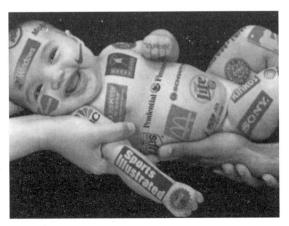

图17　商标胎记

2

欲望的对象的**被欲望**，这意味着翻转支持欲望的那些驱力的目标。

这只是因为，欲望的对象不光是存在着 (exist)：它还保持一致 (consist) [1]，并使自己无限化，也就是说，超出所有的算计。去欲望，就是要去投资一个对象，并去体验它的一致性，因而，毁灭欲望，就是清除所有的连接和所有的忠诚，也就是说，所有的信赖 (confidence)。没有这个，所有的经济都将不可能。而最终，则是清除所有的信念 (belief)，也就是说，清除所有的信用 (credit)。

欲望的对象引发了对于生命的自发的信念，生命通过这种对象显现出一种不同寻常的力量。所有的爱，都是幻想式的，因为它给那些没有生命的东西带去了生命，给那些在平常的目光下没有生命的对象带去了生命。但由于这一爱的幻想，和卡蒂比 (Abdelkebir Khatibi) 所说的"爱幻" (aimance，柯林斯 [George Collins] 在翻译德里达的《友爱政治学》时将该词译为 "lovence")，才给了文明最持久的形式，给了它们真正的幻想式情感，在其中，爱得以汇存 (consist)。这种幻想式情感，是关于这种生命的不同寻常性的知识的体现——由此，生命通过走向生命之外，来发明自己，生命以生命之外的东西为手段——通过技艺装置的不断丰沛和进化——去追求生命本身。

我正是这样来解释古人类学家安德烈·勒鲁瓦-古汉所描述的生命的外置化运动，以此来分析人化 (hominization) 过程，作为以有异于生命的方式来发明生命的过程，一个技术的、器官学的、药

---

1 英文 consist 来自 14 世纪的法语词 consister，原意为"站稳立场"。——译注

性的进化过程, 这构成了地球上生命的人类问题, 也构成了我们对这个问题无法逃避的责任, 该问题不断地被技术发明重塑。

爱, 严格说来, 是对技艺装置的经验: 对我们所爱的东西产生恋物, 这是非常必要的。一旦停止爱它们, 我们就会了解爱的人工性, 因为我们会被粗暴地拖入司空见惯的生活的平常性之中。

二三百万年前, 生命开始穿过非-活性的技艺装置, 那时, 首先出现了亚里士多德所说的心智的 (noetic) 灵魂, 那个会爱的灵魂 (正如我们后来从柏拉图笔下的狄俄提玛那里了解到的那样)。

正是那没有生命的技艺装置, 为生命保存了一条踪迹, 否则西蒙东在生物经济中所称的"生命体的个体化"(vital individuation) 就会随着生命的死亡而永远消失, 不留踪迹。使克莱芒 (Gilles Clément) 惊叹的生命的发明能力, 成了瓦雷里 (Paul Valéry) 所描述的心灵 (或精神) 的生命——随着现代性和资本主义, 这一发明能力成了精神的政治经济, 而如今它建立在工业技术之上, 后者本质上成了一种踪迹的工业。

图 18 Google 数据服务器机房

消费者的无产阶级化、去象征化、去认同化和在基于驱力的苦难中的因禁，将所有的独特性都压制到了可计算性之中，而这种可计算性将当代世界转变成了一个沙漠。在其中，我们越来越矛盾地感到，随着工业越来越创新，不知什么原因，生命却越来越贫乏。这种情形，在瓦雷里1939年所称的"精神价值"的暴跌中，到了极端的表达。

国家的衰落、战略式营销和金融化的霸权，在20世纪80年代开始强加到整个世界，强加到了社会的每一部分之上。与这些变化同时到来的，是基于驱力的苦难和去投资 (disinvestment)，而这毁灭了欲望，引入了不信、误信和失信。它们将继续伤害权威的所有形式、所有的机构和每一种营生，最终导致2008年危机中我们大家都看得很清楚的那种资不抵债。

当前和近来的踪迹工业的称霸，是想要控制我们的驱力，其手段就是建立于社交网络的自动化和自动机制。而驱力最终是无法被控制的，因而，想要以这种方式去引导驱力，通过数学算法来强加一种社会控制的自动化的形式，最终只会将驱力赶进一种极端危险的层面，最终会分解它们，将其转化为"粉末"(dividuals)。

3

经由使用了1993年前后实现的网络技术的全球开放网络，网络的阅读和书写出现了，数码技术已将超工业化的社会引向一种无产阶级化的新阶段。在这一新阶段里，超工业化的时代，成了系统性的愚昧的时代。通过远程-动作 (和远程-对象性) 的网络，生产中心可以被脱本地化，巨大的市场得以形成，并被远程控制，工业资本主义和金融资本主义可以被结构性地分开，电子金融市场可被无缝链接，实时地控制自动机制，后者源于"金融工业"对数学的运用。被自动化的决策过程于是就能在功能上与那一控制消费市场的基于驱力的自动机制连接了——这一开始是通过大众媒体的中介，在今天，则是通过踪迹的工业，也就是我们熟知的数据经济（也就是个人数据的经济）。

数码自动装置已成功地绕开了人的心灵的慎思功能，在消费者和投机者之间建立了一种系统化的愚昧，它在功能上基于驱力，使得双方相互作对（这已大大超出了埃文森［Mats Alvesson］和斯皮舍［André Spicer］所说的"系统化愚昧"）。不过，在过去几年里，尤其是在2008年之后，似乎发生了一种普遍化的麻木状态，来与这一系统化的愚昧相伴。

这种麻木是一系列从1993年的数码转向中冒出的技术震惊造成的结果。这些震惊的重大特征和后果的暴露，几乎使我们呆若木鸡，尤其是面对网络的"天启四骑士"（Google、Apple、Facebook和Amazon）时。它们真的可以说是在拆解那些从启蒙时代里冒出来的工业社会。结果，就像我们在工业技术协会的一次会议上所谈论的，我们正在得一种"网络忧郁症"（net blues），对那些相信或真的相信数码时代之许诺的人（包括工业技术协会的朋友们和我自己，还有其他很多人），这是很大的打击。

4

那些从工业民主的废墟中冲出的超工业化国家，构成了业已完成的无产阶级化的第三阶段：在19世纪，我们见到动手制作的知识的失去。在20世纪，我们见到生活-知识的失去。在21世纪，我们正在见证理论知识的失去，这已经开始，仿佛，我们今天目瞪口呆的原因，是那绝对想不到的发展。

由于数码技术使全面的自动化成为可能，理论，那理想化和认同的最崇高的果实，也被看作过时了。与此同时，科学方法本身，也被认为过时了。至少安德森在《理论的终结：大数据流淘汰了科学方法》中是这样告诉我们的。

基于数码踪迹的"自我和自动生产"(self-and-auto-production)，由剥削这些踪迹的自动机制所支配，超工业化的社会正在经历着理论知识的无产阶级化，正如在20世纪，广播模拟式踪迹通过电视造成了生活知识的无产阶级化，也正如在19世纪，劳动者的身体服从于铭刻于机器中的机械踪迹，造成了动手制作的知识的无产阶级化。正如在书写的踪迹里，苏格拉底已经看到，任何对知识的外化，都会带来无产阶级化这一威胁。

此处的悖论在于，知识的构成又依赖于知识的外化，同样也依赖于数码踪迹、模拟踪迹和机械踪迹这些我所说的第三持存，我后面会解释这些说法。当德勒兹提到他所说的"控制式社会"时，他已在预言那个超工业化时代的到来。对注意力和欲望的毁灭式捕捉，正是在控制社会中，通过控制式社会，才发生。德勒兹用了这一说法来描述控制社会：20世纪末，由电视对消费者施加的非强制式的调节。这些控制式社会出现于消费时代的末期，它们的功能是在为向超工业化时代的转移铺路。

在德勒兹几乎没有明确意识到的，但他与加塔利已预期到的自动化社会里（特别是当他们提到"粉末"时），控制实施了对分辨力的机械式清除。分辨力这个词，来自古希腊人所说的krinon（决断力），又来自krinein，它是与krisis（危机）有共同词根的动词。分辨力，康德称它为知性（Verstand），已被自动化为分析的力量，于是它被下放给了算法，这种算法通过感应器和促动器来传送形式化的指令，流失了康德所说的所有直觉，也就是说，流失了所有经验（这就是困扰安德森的情况）。

5

2008年全球金融危机的六年之后，我们仍不清楚如何去描述那一事件：危机、突变，还是蜕变？这些说法，都只是隐喻而已，都还缺乏切实的思考。危机，这个说法有漫长的语义演变的历史了，在希波克拉底（医学之父）那里指疾病的进程的决定性转折点，它也是所有批评或批判、所有决断的源头，决断就是运用决断力（krinon），基于准则而去作出判断的力量。突变（mutation）首先可被理解为与生物学相关，即便在法语中mute一般指在日常生活中被调到其他岗位。蜕变是一个动物学术语，来自古罗马人奥维德。

那个事件过去已有六年了。似乎，心灵的无产阶级化，更确切地说，理论化的心智官能，也就是科学、道德、审美和政治的慎思的无产阶级化，与20世纪的感知和情感的无产阶级化，与19世纪的工人姿势的无产阶级化结合在一起，既成了这一持续的"危机"的导火索，也成了它的结果。结果是，全球金融危机之后，什么决断也没有作出，我们也没有到达任何转折点，任何德勒兹所说的"分岔点"（bifurcation）。而这一危机的根源处存在的毒性，反而更加强了。

当一个促发因素也成了结果，我们就会发现自己是处于一个螺旋之中。这一螺旋要么可以很丰富很值得，要么就会将我们绕进——新标准缺席的话——一个恶性循环之中，我们可以称之为"螺旋下降"之"恶的螺旋"（spirale du pire），它使我们越来越糟糕。我与于斯当（Francis Jutand）一样相信，我们处于后蛹状态（the post-larval state）中，我们把2008年危机遗留在其中，它应该被称作蜕变（而不是一种突变。这里所发生的，不是生物学式的，即使生物学通过生物技术参与进来，也只是以准无产阶级化的方式起着作用）。这并不是说就没有危机（krisis），或者我们不需要考虑它所要求的我们的批判劳动。这只意味着，这蜕变似乎使这一批判式劳动不可能完成了。这是因为蜕变恰恰首要地由理论知识，也就是批判性知识的无产阶级化构成。

正是由于这原因，我想要基于蛹壳的隐喻，来理解危机的持久性质。在这让人惊呆的情形中，我们当前对自动社会的经验，正在形成一种新的心理环境（麻木），在其中，系统性的愚蠢无疑正层出不穷（表现为功能性恍惚，一种基于驱力的资本主义和工业民粹主义），但这种环境也可从一种它与新的关怀的关系来看待。这种关怀，如果没有导致惊慌失措，反而还变为一种多产的怀疑论，那就可能转变为我们对这一情形作全新理解的开始，在新标准、新范畴的产生的联系中被理解，这就是我所称的范畴发明（categorial invention)。

这一新的知性或智性，会倒转药的毒性逻辑，形成一个新的超工业化时代，形成一个基于去-无产阶级化的新自动社会，它能在蛹壳上给心智的翅膀一个出口：这基于积极外在性和诸能力（capacities，取阿马蒂亚·森的意思）的价值稳定（valorisation），即基于一种授粉的贡献型经济。

6

工作姿势的无产阶级化相当于工人的生计（sub-sistence）条件的无产阶级化。

感知和感觉生活的无产阶级化，以及社会关系的无产阶级化，社会关系全部被调节所替换，这些相当于社会公民的生存（ex-sistence）条件的无产阶级化。

心灵或精神的无产阶级化，就是使理论化和慎思得以可能的心智官能的无产阶级化，是对科学（包括人文和社会科学）的一致性汇存（con-sistence）条件的无产阶级化。

在超工业化阶段，超控制通过普遍的自动化来实现。因此，它超出了由德勒兹发现和分析的通过调节来控制的那一层面的。现在，理论化和慎思的心智官能，被当前的无产阶级化操作器所短路，而这个操作器就是数码第三持存，也就是记忆技术的人造物，正如模拟式第三持存在20世纪是对生活知识加以短路的操作器，也正如机械第三持存在19世纪是对动手制作的知识的无产阶级化的操作器。

对记忆和时间因素的物质上和空间上的复制，人工地将其保留下来，这一第三持存会改变胡塞尔称作第一持存（感知的心理持存）和第二持存（记忆的心理持存）的关系。

随着时间的推移，第三持存会进化，而这会导致对第一持存和第二持存之间的游戏的改变，造成每次的跨个体化过程都是特殊的，即西蒙东所说的跨个体的特殊时代。

在基于连续第三持存的时代的跨个体化过程中，被共享的意义在心理个体之间形成，他们由此才能构成集体性个体，构成我们所说的"社会"。在这些跨个体化过程中形成并被心理个体在所有种类的集体性个体中间共享的意义，把那一跨个体构造为一系列集体第二持存，通过它，集体的预存才能形成，也就是说，才能形成象征这一时代的期待。

如果，照前面提到的安德森的文章所谓的"大数据"预告了"理论的终结"——大数据技术向我们指明了所谓的"高绩效运算"在大规模数据的基础上所能给我们带来的东西，而对以数码第三持存为形式的数据进行的处理是实时的（以光速来进行），并且是在全球范围内展开，每秒数十亿吉字节，通过数据捕捉系统来运作，这些系统遍布全球，几乎处在每个构成了社会的关系性系统中——这是因为数码第三持存和算法使得大数据可以同时被生产、被利用，进而也使得它可以为综合官能被短路负责：由于极端的高速，这一知性的自动化的分析官能得以运作。

7

无产阶级化已是一个事实。它是不可避免的吗? 安德森认为,它是不可避免的 (类似于卡厄[Nicholas Carr]所悲观暗示的, 对注意力的摧毁, 将是致命的) 。我则持相反的意见: 无产阶级化这个事实, 是由数码性引起的, 后者就像所有的第三持存的新形式, 都形成了药的新时代。如果不给出新治疗法, 这个药肯定会对我们有毒性。

开出这样的处方, 将是科学界、艺术界、法律界和一般的精神生命的世界和公民世界的责任, 而首先是那些代表他们的人的责任。我们需要有这样的勇气: 这斗争必须针对数不尽的利益方, 会触及那些一边遭受这一毒性, 但一边也仍在喂养这种毒性的利益方。这一受苦的时段, 就是我们目前所处的蛹壳期。

所有的第三持存都是药, 如果它没有在心理和集体的第一持存和第二持存之间, 因而也是持存和期待 (通过期待, 关注的对象才显现, 成为欲望的源头) 之间创造新的跨个体化的安排, 这会形成新的关注形式, 形成新的跨个体化循环, 形成新的意义和新的引发一致性意义的视野的诸能力, 那么相反, 这种药就会替代心理和集体的持存, 但集体持存只有在其基于透过社会跨个体化的心理个体化, 并被所有个人个体化与共享时才能产生意指和意义。只有社会跨个体化才能创造团结的关系, 基于这种关系才能持久地在几代人间建立社会系统。

药总有可能短路跨个体化的循环, 但药又是这一跨个人过程的条件。尽管是药, 但它使心理个体能通过他们的心理持存, 去表达他们自己, 去形成基于这些踪迹和设施之上的集体性个体, 也就是基于第二持存和从这一药学中产生出来的集体预存。

一般而言，一种新药始于对社会心理过程的短路。但是今天，基于实时自动化并在巨大的规模上发生的自动化的跨个体化过程，造成了心理和集体个体化的短路，这要求我们作出详细的分析，以便去细思数码药惊人的新奇性。

8

为了实现社会化，也就是集体的个体化，每一种新药——也就是第三持存的新形式——总要求新知识的形成，而这总意味着对新药的新的治疗和救治，由此构成了做事的新方式和新理由，生活和思考，就是去投射一致性，而这就同时构成了生存的新形式，最终也构成了生存的新条件。这一新知识，就是我所说的悬置折迭的第二时刻 (the second moment of the epokhal redoubling) ——也就是说，技术震惊的第二时刻总是由新的第三持存的出现所激发。

如果安德森声称无产阶级化的当代事实是无法克服的，相当于说我们是绝不能引发第二时刻的，而这缘于另外一个事实：他自己刚巧是一个生意人，捍卫的是一种极端自由主义的、极端自由化的角度。他仍忠于那种极端自由主义，后者是在20世纪80年代初发生的保守主义革命之后于所有工业化民主国家内兴起的。这一"革命"通过模拟式大众媒体短路了跨个体化过程，创造出了德勒兹所说的控制型社会。

对于安德森来讲 (对于我们也是，对于全球经济也是)，导致这一无产阶级化阶段的这种发展 (毋宁说，这种变化)，是内在地熵增的: 它会榨干它所利用的资源——就我们现在这个话题来说, 它会榨干心理和集体的个体: 严格说来, 它将会导致它们的崩解。

在自动化社会中, 那些被称作"社交"网络的数码网络, 通过将这些表达逼入那些强制的协议来引导它们, 心理个人在这些协议面前只有投降, 因为心理个人被所谓的网络效应所诱惑。加入社交网络, 网络效应变成了自动化的群化效应, 也就是高度模仿性的情景, 构成了弗洛伊德意义上的人为群体的新形式。

十年前, 我把电视广播节目和频道形容为人工性的、常规性的群众构成, 这种群众弗洛伊德也分析过, 他用的例子是军队和教会。群众的构成, 和这些群众能够成形的条件, 是古斯塔夫·勒庞的分析主题。

弗洛伊德对他的分析作了长篇评论:

由心理人群 (Masse) 所呈现的惊人的特殊性在于: 不管构成这一人群的个体是谁, 不论他们的生活形式、职业、性格或智力相像还是不相像, 他们被转化成人群这一事实, 使他们具有了一种集体的心灵, 这一集体心灵使他们的感觉、思考和行动与他们单单一个人时的感觉、思考和行动完全不一样了。有一些观念和情感, 是只有这些个人形成一个人群后才存在, 或才使他们付诸行动。

心理人群是临时的存在者, 由异质的因素构成, 暂时地合成, 正如构成身体的细胞团结为一个新的存在物一样, 后者会呈现出与单个细胞单独具有的性质完全不同的特性。

基于勒庞的分析, 弗洛伊德表明, 也有"人为的"人群 (他是通过分析军队和教会来分析它的)。

我们今天的节目工业也是如此。它也每天都在通过大规模的节目广播,构成这样的"人为的人群"。后者作为群众(弗洛伊德恰恰称它为群众心理学[Massenpsychologie]),是各工业民主国家永久的、日常的存在模态,这些工业民主(democracies)国家,同时也是我所说的工业电视统治(tele-cracies)国家。

由数码第三持存所生产的网络连接的人为人群,构成了一种"众包"(crowd sourcing)经济,它必须从多方面来理解,所谓的"认知阶级"(cognitariat)只是其中的一个层面。大数据是那一利用着众包潜能的诸多形式的技术的重要部分,而社会工程则是这些技术中的主要元素。

通过网络效应,通过因网络效应而创造的人为群体(比如说脸书上的几十亿心理个人),通过利用使这些群体得以可能的众包,以及通过对大数据的使用,以下这几点成为可能:

> 刺激这些个体去生产和自我捕捉那些我们称为个人数据的第三持存,这将使这些个体的心理时间性(psychosocial temporalities)空间化;
>
> 通过以光速来循环这一个人数据,去干预跨个体化过程,这一跨个体化过程由各种自动地和述行地形成的循环编织而成;
>
> 通过这些循环,并通过那些自动地而不再跨个体地形成的集体第二持存,一转眼又去干预心理第二持存,这也就是说,去干预前摄和期待,并最终去干预个人行为:现在已有可能逐个地

去遥控和屏控 (tele-guide) 网络中的每一个人了，这就是人们常在说的"个性化服务"或"人性化"。

互联网是一个种药，因而也可以成为一种超控和造成社会崩解的技术。如果没有一种个体化的政治，也就说，如果关注不是通过特殊的第三持存——正是这种第三持存，才使新的技术环境 (technical milieu) 和所有的关联环境 (associated milieu, 首先是语言) 变得可能——而形成，那么互联网的药将不可避免地造成解体。

9

超工业的情况将德勒兹所说的基于大众媒体调节的控制社会，带到了由自我生产 (通过人们的自我采集和自我发行[无论是有意还是无意]的个人数据 (这些巨大的数据集合被高性能计算所利用) 所生成的超控制的阶段。这一自动化的调节构成了贝恩斯和胡芙华所说的算法统治。

通过将生产者植入消费者之中，并通过生产所有形式的感应器、促动器和相关的软件，数码让所有技术的自动机制都统一到一起 (机械自动化，电子机械自动化，光电自动化，电子自动化，等等)。但数码统一的真正史无前例的方面，是它让技术、社会、心理和生物的自动机制之间可以相互结合，这就是神经营销和神经经济的真正要义。不过，这一整合会不可避免地导向一种总体的机器人化，不仅仅使公共权威、社会和教育系统，就连代际关系和心理结构也都走向崩溃：要形成大规模市场，要让消费系统中隐藏的所有商品都被吸收，工资也必须被分配得使人人都具有购买力，但正是这一经济系统，今天正在走向崩溃，在功能上变得入不敷出。

所有这些都显得极度势不可挡、全无希望。但这是否正有可能逼我们从这一事实的状态，也就是从这一总体的瓦解出发，去发明一种超控制的技术 (ars of hyper-control)？比如，通过增强实现德勒兹在给塞尔吉·达内 (Serge Daney) 的回信 (信的标题是"乐观、悲观和旅行") 中对于一种"控制的艺术" (art of control) 的可能性和必要性的 ("不彻底的") 支持？德勒兹这样写道：

> 电视是新的"控制"权力的即时和直接的形式。为了进入对抗的核心，你几乎不得不问这一控制会不会被与权力相对抗的补充功能所逆转和钳制：发明一种控制的艺术将是抵抗的新形式。

是发明，还是抵抗？我一会将会回到这一犹豫上。

因此，这事关知道这样一种治疗术将从哪里来，它将如何是准因果的 (德勒兹用这个词指意外事故[偶然]能够而且必须成为必然，如果我能成为事故的准因果的话)。我的看法是，如果这一准因果的确能够而且必须从一种新的艺术史 (也就是说，某种新的艺术的个体化) 中冒出，那么艺术必须再次成为一种技术 (ars)，也就是古希腊人所说的tekhnè，而只有当这一艺/技术也同时直接地是在司法领域 (也就是说，政治领域)、哲学领域、科学领域和经济领域里的发明时，这才可能。无疑，这些问题在德勒兹写信给达内的时代里，还未在这些意义上被提出，无疑，他不是在这些意义上来说的。不过，这里提出的问题是关于微观政治与宏观政治之间的那些关系的——这是在德勒兹和加塔利的意义上说的。

艺术在与一般的器官学的关系方面的发明中，有鲜明的作用。但这一点，在德勒兹那里是远远不够清楚的，他更多是从抵抗而不是发明的角度，来思考这一控制的艺术的——要考虑到发明总是以这种或那种方式属于器官学的，也就是说，总是技术地或技术学地去发明，而不只是艺术地去发明。

10

德勒兹所构想的这样一种控制的艺术，或我所要努力描述的超控制的艺术，并非自足的——除非通过倾听，使听到或使被重新听到，使大家听到和重新听到艺术（art）之中的艺/技术（ars）：正如那些伟大的艺术式或精神式艺术的时代，一种"超控制的艺术"是与司法、哲学、科学、政治和经济上的发明不可分的。

这样一种艺术事关某种治疗术——艺术须是这种治疗的首要和引导性因素，但它仍内在地不充分，它需要与其他的所有知识形式，包括那些使理论知识得以可能的技术—逻辑构成的知识，一起去发明，从而塑造、设计并发明出一种积极的药学的技术，但这要求器官学式的发明。

数码时代的药学特性，对属于数码时代的人而言，已或多或少是清楚的了，它造成了我所说的"网络的忧郁"：这一第三持存的新时代并没有提供一个法律的新状态。相反，它已瓦解了由过往时代的持存系统所生产出来的法律规则。比如说，财产法，它正被那些实践着免费软件，并反思着人类"共同性"（commons）的行动者们直接挑战，包括一些年轻艺术家，他们努力为自己的思考设计出新的经济和政治框架。这些问题必须被看作是从事实向法律的认识和认识论的跃迁，靠的是一种典型的绝对肯定式经验——投射法律，超越事实。从事实向法律的过渡，首先是要在事实中发现解释这些事实的必要性，也就是，投身到事实之外的必要性，但也要基于那些本身还不充分的事实——投射到事实正在召唤着的另一个平面上，那就是一致性平面，我们必须通过它而"相信"，我们必须"相信"它。

这另一个层面就是反熵的。如果我们现在正活在人类纪的话，这一事实的状态，是不可持续的：我们必须过渡到一个法律的状态，在其中，反熵将成为所有价值类型——包括价值的价值——的最终衡量标准，这也就是我们必须进入反熵纪的原因。这一思考被视为一种治疗的任务所处的语境，即一个各种自动机制被数码自动机制技术地整合一处的语境。这一情境的独特之处在于，数码第三持存成功地在总体上重新安排或蒙太奇拼贴了心理和集体的持存与前摄。当前的挑战是，通过一种超控制的大艺术来颠覆这一情境，从今天解体的自动化出发，去达到一种去自动化的新理想。

人类纪里的艺术、
差异与重复

梦的器官学与元电影（上）

在《电影时间》里，我提到我们必须像德里达谈元书写 (archi-écriture) 一样来谈论元电影。我将会提出，今天，梦是这种元电影的基本形式。正是如此，《梦的组织》[1]这部电影是可能的，它所指的也是必要的。

意识的元电影里，梦是无意识的元电影的模式。意识的元电影，是胡塞尔所说的第一和第二持存，以及我所说的第三持存的互动所产生出来的投射。第三持存也是意识和无意识生活的失忆的痕迹 (也就是说，记忆的技术)。元电影的可能在于所有思维的行动，如在感知的行动中，意识投射 (期待) 它的对象。这种投射是一种蒙太奇，其中第三持存构成了剧情，同时也是蒙太奇的载体和表列。这意味着元电影是一种历史，它需要第三持存的历史来作为它的条件。这也意味着有一种梦的器官学。

1　《梦的组织》(*An Organisation of Dreams*, 2009)，肯·麦克姆伦 (Ken McMullen) 导演。斯蒂格勒在此片中饰演自己。——译注

一种好像第一持存的持续的、聚合的时间性过程产生了：只有在过去一刻被把持在当前这一刻时，时间才过去。在感性的直觉的时间流中，也就是说感知、意识通过留住根据第二持存（过去经历的记忆）来选择感知的数据，第二持存构成了选择第一持存的准则。

每种意识都是由特定的第二持存所决定，第二持存组织了它的剧情，也就是说它的记忆。这是为什么面对同一个物件，两种不同的意识显示两种不同的现象：现象由意识所投射。这种投射也是预存的投射，也就是说，等待。第一和第二持存以及这些预存构成了注意力：注意力是由持存和预存所编织出来的。

如同我们必须将第一持存和第二持存分别开来，我们也必须分辨第一和第二预存。这种第二预存都是存留和隐藏在第二持存里，而第一预存都是记录在第一持存之间——它们逐渐变成第二持存来激活联想的模式，就像大卫·休谟所描述的相邻、相近和因果[1]。

从一个物件开始，意识投射了一种现象，而这个现象由第一和第二持存以及预存所布置，同样的对象，每一次相应的不同意识都可以给出不同的现象。另外，当同一个意识重复两次经历同一物件，每次得出来的现象都是不同的。

第一个原因是，如我在《技术与时间（卷三）：电影的时间与存在之痛的问题》里所指出来的，第二次经历对象时的意识已不再是第一次那个，因为之前作为第一持存的，现在都变成第二持存了，并且提供了新的准则来选择对象的第一持存和第一预存，所以每次都

1 这是休谟提出的联想 (association) 原则里的三种自然关系。——译注

会有不同的现象。

第二个原因是，第二持存在时间流中选择第一持存的方式来与第二持存之间所保留和隐藏的两种第二预存互动：其中的一些第二预存，变得几乎是自动的，它们构成了刻板类型，也就是说，习惯和意志；而另外的一些构成了创伤类型，它们要么被压抑，要么经由症状和幻觉表达出来。

所有这些得出的结果是，同一个对象，要么激活创伤类型，这意味着它所要产生的现象，不停地跟自己产生差异来加强强度，而被投射在物件中的意识与它产生个体化；要么激活刻板类型，这意味着对象的现象是对象的贫乏化，而意识对该对象的注意力被消除，或者意识产生去个体化来加固它的刻板类型。

现象的构成经由刻板类型和创伤类型的混和 (或者打结)，因而投射在一个对象的意识来自某些注意力形式，而这些注意力形式由支持第二持存的第三持存的特定形式所决定。而这些都是由集体的第三持存所编定，它们从一代到另一代的过程中转化、传递，同时组成了符号的环境，而西蒙东所说的跨个体，也就是说，意义，便在这些介质上呈现为准稳定 (se métastabilise)[1]。

举个例子，第二持存的记忆，很大部分都由口语的痕迹所构成，它们由某个意识继承来的语言所决定，我将称之为心理个体。用西蒙东的话来说，心理的个体化永远都内接在集体个体化的过程里面，并且与它分享了集体的第二持存，这构成了意义，也就是说，跨个体。

1　métastable 是西蒙东提出的个体化的一个周相 (phase)，它并不是平衡 (équilibre)，因为它只是暂时的稳定。——译注

跨个体在跨个体化的线路中形成。而在这线路里，历时的（diachroniques）的创伤类型和同时的（synchroniques）刻板类型形成了妥协：刻板类型形成了如共同习惯的意义（significations），而创伤类型形成了一种含义（sens），它好像是对对象的投资（或者投入），这种投入不断地干扰共同的习惯。

跨个体自身只能被准稳定化，因为它是由第三持存在背后所支持，也就是说，由不同层次的技术支持。技术对象普遍上来说正是这些支持，它们形成了勒鲁瓦-古汉所描述的技术和思维生命的第三记忆，这种第三记忆早在两百万年前已出现：它超越了人类物种的共同基因记忆和每个个体的后生（épigénétique）记忆，有一种后生系统发育的（épiphylogénétique）记忆，它构成了人类继承和传播的知识的不同形式，而经由它们，跨个体准稳定化了。

这里要留意，技术和记忆的对象在弗洛伊德的《梦的解析》中扮演了重要的角色，而围绕恋物癖，也就是说，人工制品，欲望得以构成——这意思是说，力比多像人工制品一样也是可移动的，它可以由一个器官移向另一个器官（人工的和身体的）。

作为记忆技术载体的石壁上的绘画早在三万年前出现，它使得头脑的内容投射在之外：造成失忆的第三持存，编织了一个语法化的过程[1]。我所说的语法化，指的是心理个体经历的精神时间流的记录、再生产、离散化和空间化过程。当我们看肖维岩洞的壁画，我们知道我们所看到的是那些亲眼见到和经历过这些影像的人所留下的痕迹。我们知道我们通往一种新的共感的可能性，它不存在于

---

[1] 第三持存是来帮助我们记忆的,但因为有了它们,我们便不用记东西了所以它也是失忆的。——译注

旧石器时代之前，然而通过这些对象构成的第三持存，我们接触和继承一种人工生命形式的人工记忆。

失忆的第三持存的出现促使了由第一和第二持存及预存的互动的新的个体化的动态（这就是注意力）：它促发了新的注意力形式。我重新以胡塞尔用来展示他的第一持存这个概念的例子——旋律，来指出第三持存决定了第一和第二持存，因此也决定了第一和第二预存：我指出模拟的第三持存的例子是唱盘，因为它容许同一个音乐时间物件重复而不变，而经由模拟式重复所产生的差异，构成了一种音乐自身的新的体验——这种新的体验是一种注意力的新的形式。这种新的形式可追溯到1877年，它带来了勋伯格和我们所谓的"幻听"（acousmatique）的音乐体验。

这种新的注意力形式很明显地戏剧化和强度化了两种重复的差异（如德勒兹在《差异与重复》中所说的），刻版类型的预存重复并使对象愈趋贫乏，因为每次重复它都只会产生更贫乏的形象，最后就消失了，而在另一种形式的重复当中，对象每次都产生了新的形象，它强化和深化了它的差异。同样，电影是一种生活的新的体验，它在1895年开始。1877年和1895年正是梦的能力的器官学历史中两个重要的转折点。在刻版类形和创伤类型之间，是心理个体的第二持存和预存汰选第一持存和预存的游戏，这个游戏由第三持存作为反复的器官学条件所复因决定（surdéterminé）。在其中，一种第三持存构成了过渡性的物件，如温尼格特（Donald Winnicott）所说，也就是形成了婴儿的心理器官的第一持存和预存，通过过渡性对象，与他母亲的持存和预存连结在一起。

我在《什么令生命值得活下去？：论药学》里指出，过渡性的对象也是药：也就是基本的药，就像书写对于柏拉图来说就是药，正如第三持存也是药，也就是说，一种毒药和一种解药。温尼格特指出过渡性对象，也是幼儿心理机制的形成条件，而如果母亲没有找到它的治疗的功能，而让它成为纯粹的上瘾，那也会成为致病的元素。

第三持存，在药学的意义上来说，是无法简化的；苏格拉底在《斐多篇》里也是这样评论书写的（作为书面的第三持存）。苏格拉底指出书面的第三持存可以造成心理第二持存的短路，通过构成传统的集体第二持存（也就是说，公共地点）来刻版化第一持存，也就是说，将心理和集体的个体去个体化，将他们转化成乌合之众。

因为模拟的第三持存便是这样一种药，本雅明担心意大利法西斯利用电台（第三帝国用它来宣传），就好像维克多·克雷普（Viktor Klemperer）所描述的一样，以及，阿多诺和霍克海默所怀疑的电影会造成先验的想象的短路。

然而，我认为第三持存，特别是书面的、模拟的和数码的第三持存都可以有正面的可能性，也就是说，产生新的注意力形式，形成第三持存作为药的治疗性，而电影艺术便是这样的例子。从这方面出发，我将重新回到元电影的问题，而梦便是这个梦的器官学的基本形式，进一步，我将诘问在数码第三持存的年代里电影的未来。

我在《技术与时间（卷三）：电影的时间与存在之痛的问题》中指出，阿多诺和霍克海默通过对康德的先验想象的理解，并不能够想象一种电影的正面的药理学，也就是说，电影艺术自身。因为事实上，电影的药如同艺术，容许我们去对抗作为毒药的电影，也就是说，这种毒药通过增强第二持存和第二预存的刻版类型，将心理个体的创伤类型的第二持存和第二预存的游戏短路化了。

阿多诺和霍克海默并没有考虑到康德所描述的三种综合其实预设了第四种综合，我称之为想象的技术综合，也是第三持存的综合。前三种综合描述了第一持存 (appréhension)、第二持存 (reproduction) 和预存 (recognition)。以康德的例子，我尝试演示，图式论 (先验的想象在"直觉的多样性"[即构成现象的持存的流]"中投射知性的纯概念)，预设了由第三持存所构成的图式——并且，基于感觉运动性的图式。[1]

这种看法的结果是，先验的想象预定了一种记忆首要的外置化，和想象自身的外置，也就是说，期待和时间化的外置，通过第三持存的技术器官所形成的人工的图式，它由一种空间化所支撑。

第三持存基本上是时间的空间化，它容许时间的重复和外置化，它将持存和预存的时间转型成为一种持存和预存的空间。基本上来说，我们这些有欲望和梦想的存在者所生产的技术生命式的技术产物，构成了一种经验的空间化，它容许跨代的传播：这是后生系统发生，它从一开始就构成了康吉莱姆所称的技术生命，它跟生命进化至今的条件断裂：它跟达尔文所想象的进化断裂。这个断裂构成了元电影，它建立了一种运动的力比多经济。

我称之为第三持存的，也就是德里达所说的增补 (supplément)，它其实是一种历史，也就是说，元书写 (或者原痕迹) 的技术具体化的生成。我并不完全同意德里达的理论，因为对我来说它并没有分

1　参见 Gilbert Simondon, *Imagination et invention*, Chatou: Éditions de La Transparence, 2008.——原注

开第一、第二和第三持存。这里，我的"原痕迹理论"，如果我可以这样说，并不只是一种元书写，而是一种元电影，也就是说，一种蒙太奇，以及三种持存与预存的后期制作的装置(它们构成了痕迹差异化的制度)。这与在《论文字学》里所写的有很大的不同，首先是因为我将增补跟持存必要地连系在一起，也就是说跟技术连在一起，而对于德里达来说，原痕迹普遍构成了有生命的痕迹——甚至是在第三持存出现之前。

无论如何，在这个框架里，增补的历史是第三持存的历史，我们必须区分不同的时代，特别是语法化的年代，语法化指的是将精神的时间内容投射在空间形式底下的能力。而这种在旧石器时代就出现的可能性产生了考古学家马克·埃兹马(Marc Azéma)在《电影的史前学》(*La Préhistoire du cinéma. Origines paléolithiques de la narration graphique et du cinématographe*)中所描述的电影的源头，也就是运动的具体化和原再生产(proto-reproduction)，而在1895年以工业形式出现的电影将是机械的实现。

换句话说，元电影，它构成了全时间的条件，在这种条件下，技术生命(也是思维生命和梦想生命的形式，也就是所欲望的生命)依赖由第一、二、三持存和预存的蒙太奇所组成的投射——在史前的洞穴里(在石壁上)，像运动投射和空间化的持存装置一样具体化了。然后，到了我们所知的电影院里，以及电影屏幕上，这是20世纪的典型现象。

我们要留意这种岩洞的电影和影院的电影已经出现在柏拉图《理想国》第七卷里，被当作一种梦搬上舞台：这种梦是生活在洞

穴中 (即在药中) 的生命的谎言。

然而, 我们将看到, 哲学家想要离开洞穴, 电影的爱好者则想, 要么跑到录影机后面去, 要么进入到屏幕里: 作为爱好者他所喜欢的, 是药, 和药理性的条件, 而这也是欲望的条件。

梦的器官学与元电影（下）

让我们回到这一问题，也就是去弄清楚到底语法化的第三持存包括了什么，以尝试去了解数码第三持存在电影历史中的意义。

在某些第三持存的年代，来自这样一种器官的生成，里面包含了由技术和科技器官转型而带来的心理和社会组织的转型。一般来说，药或者第三持存的生成是由身心的器官、技术器官和社会器官的互动所决定。这三种器官之间的关系都是由某些治疗所调节，而这些治疗是由社会组织经过社会系统来定义（社会系统，如卢曼[Niklas Luhmann]和吉尔[Bertrand Gille]所说）。这些治疗，它们想要增强药的疗性并限制它们的毒性，都是力比多经济，它们由第三持存的器官学所决定，这意味着一种梦的器官学在每个年代都具体化了并指定了元电影的基本要素。

换句话说，元电影就是构成第一、二、三持存和预存的组合的一般原则，无论第三持存的形式是什么，也就是说，这种技术生命的力比多的组织，在器官生成的过程中具体化了，特别是从1895年电影的开始。然而，我们生活在2016年，也就是说，数码第三持存的年代，它将一种没有胶片的电影 (cinéma sans film) 变得可能。

这种增补的历史新状态，作为能够做梦的元电影的具体化，到底可以产生出什么来呢？要准确地提出这个问题，我们要回到根据语法化而改变的第三持存的历史。

一篇文章是书面的第三持存的剧本，它构成了空间性的语言对象，而一个口头的论述就是时间性的语言对象。文字的空间对象在阅读过程中由读者重新时间化：阅读是把空间转变回阅读的时间。一部电影同是时一个空间性的对象，它只能由一个叫投影器的装置作为中介来重新时间化，好像唱片需要在一个电唱机上播放。我自己在我的电唱机上播放唱片，然而电影需要在一个电影院里面由一个播映员在投影机上播放。

在所有的例子里，重新时间化构成了一种投射，其中读者、听众和观众将他们的第二持存和预存投射在文字、音乐或电影的流里，在当中汰选了第一持存，而后者产生了第一预存。每次的选择都是独特的（由每个人的持存和预存的特征所决定），每个人看到的书、听到的音乐或看到的电影都是不同的。

然而，一本书、一首音乐或者一部电影对它们的读者、听众或观众产生的影响类型超越了经历这些影响的多样性。

一方面，每一类第三持存都形成了特殊的注意力形式，而这对那些实践这种第三持存的人是共同的：注意力来自第一和第二持存与预存，以及第三持存的游戏，通过作为这个游戏的条件，第三持存构成了注意力。另一方面，一位作家，一位音乐家，或者一位电影工作者，每次都激活了持存和预存的共同基础，这基础由属于某文化或某时代的原持存和原预存所构成，而建立在一个原持存和原预存的基础上，也就是说，在一些古老的元素上，它们也是西蒙东所说的前个体（préindividuel）（受荣格和他的个体化理论影响）在投射（或放映）的过程中，无论那是一本书、一张唱片还是一部电影，第一、二、三持存的游戏容许被压抑的元素自我投射——同时是个体的也是集体的。这也是为何，我在《梦的组织》里说电影同时构置了个体历史和集体历史。相对地，通过向内投射，电影观众由跨个体化的内容来理解他自身的持存和预存的基础，这些内容是在观看的过程中建构的，而且它像一个事件在观众脑海里发生。而电影就是"药"，就像卡普拉（Frank Capra）所说的，电影是一种病。当它到你的血液里，它很快地变成首要的荷尔蒙；它指挥酶素，号令松果体，玩弄你的心灵。像海洛因一样，电影的唯一解药便是电影。这意味着，电影的经历，要么增强观众的刻板类型，要么启动观众的创伤类型。要理解这个问题，它将我们导向数码第三持存的时代的电影条件，我们必须更仔细地分析电影的器官学和药学，就像模拟的第三持存的工业来为消费主义的力比多经济服务，也就是说，作为驱力经济，摧毁力比多经济，最后摧毁了注意力。注意力也就是心理的持存和预存在集体的持存和预存的剧本上形成的动机（欲望之物），它将它的对象作为欲望之物来关怀。

阿多诺和霍克海默认为电影是一种系统的功能，它想要同时散布意识形态，并诱导消费行为。这种想法跟新浪潮并没有太大分别，但是后者视电影为"药"，而不只是毒药（这种药学正是戈达尔的《蔑视》的背景）。

根据卡普拉的说法，电影艺术是用电影来对抗作为病痛的电影。这种药学，我认为是欲望的药学，也就是说，梦的药学。什么是一个梦？它是一种创伤型（被埋藏、压抑在潜意识中）和刻板型（装成一种潜在内容）之间的折中。这些内容的显现仍然是潜在的，在白天可能转换成行动的形式，也可以由这些行动来理解，它们可以是语言的，就像心理分析治疗一样。

换句话说，我们必须视这些为一个循环（也就是说，回路），当中，我们不能将不同的片段分开而这也是西蒙东在《想象与发明》中所说的：对他而言，在想象中，所有建基在感觉运动性的图式上的影像，只有通过一种对象，才导致一种发明，也就是说，个体化，一部电影是一个个体化的发明。

电影是一种一起做的梦，一种白日梦，依靠工业化生产本身，即工业的第三持存。作为梦，电影像欲望一样出现，我们想象这是公众的欲望，也就是说，一个时代的欲望，而不只是电影工作者的欲望。这就是为什么戈达尔要引用巴赞的话：电影以一个遵循我们欲望的世界来替代我们原本的凝视。[1]

事实上，这是一个电影工作者的欲望，好像所有艺术家的欲望，经由其作品，让它成为其时代的跨个体的载体。另外，这种跨个体化的操作是通过社会化和跨个体化它那个时代的第三持存，这必然是心理和集体的个体化，而不是去个体化和增强刻版类型。

阿多诺和霍克海默所提出的是，电影首先就是去个体化的

---

1 摘自法语维基百科戈达尔的《蔑视》词条："在这部影片最终的题词上，戈达尔把这句话归于巴赞：电影以一个遵循我们欲望的世界来替代我们原本的凝视。"这句引文实际上出自米歇尔·穆林雷（Michel Mourlet）题为"一种被忽视的艺术"的文章，该文发表在1959年的《电影手册》。准确的引文如下："电影是一种凝视，用一个遵从我们欲望的世界代替了我们原本的凝视。"——原注

过程。我们可以说，这是电影的戏剧（drama of cinema），任何大导演都扮演过、直面过这出戏。特别是费里尼，在《访谈录》（Intervista）里，在电影正在变为电视的视角中写下了这一电影的药学。费里尼是非常有趣的导演，特别是当我们想要了解梦和电影的关系，而《访谈录》就是一个梦，但是这梦也可能是噩梦。贝卢斯科尼（Silvio Berlusconi）将把它带给意大利和意大利电影，它也是意大利电影的墨索里尼式起源，它是费里尼反复讨论的主题，也能在《阿玛柯德》（Amarcord）中看到。

图19　《阿玛柯德》，费德里科·费里尼，1973 年

我们仍然是在活动图像的史前时代里。而真正的电视可能是由Skype开始的。电视并不是电影。但什么是电影，假如它是不是跟胶片电影相关？

电影是一种模拟式的第三持存，就像一个录相片一样。在数码第三持存的年代，元电影发生了什么变化？数码第三持存所带来的转变，大幅地改变了有声动画的关系，同时是因为它经由Skyep、Webcam和智能电化产生了日常的实践，也是因为它将戈达尔在1978年访问加拿大时的梦想实现了：

> 一个小说作家……需要有一个图书馆来藏书并了解其他人写了什么……不只是看自己的书；同时，一个图书馆可以是一个印刷厂，我们可以懂得印刷是怎么回事；对我来说，电影工作室既是小说作家的图书馆又是他的印刷厂。[1]

我们生活在这样一个转型里，它堪比从象形文字书写向字母书写的转变导致的变化。这些对我们的梦造成了什么影响？这是一个心理学的问题，也是政治、经济和工业的问题。梦是思维的感觉运动性的环中的一个片断，它内化了一种人工的、他律的（hétéronomique）持存的组织，其中，梦想要引进一种协调，这种和欲望的协调同时却跟围绕着这种器官学来具体化的社会组织有冲突，后者化身为一种超我的结构。

这种结构产生了不少的愚昧，为了要将这些个体和集体的创伤类型经由集体的持存控制起来，它产生了一些刻版类型。为了不断地去加强这些刻版类型，来自电影及之后电视的消费主义的资本主义经济，最后摧毁了力比多，将它变成了驱力，它杀掉了电影做梦的能力：除了少有的例外，电影的梦都变成了驱力的恶梦，也就是说，

1　Jean-Luc Godard, *Introduction to a True History of Cinema and Television*,　Montreal: Caboose,　2012, forthcoming.——原注

恐怖电影。电影工业作为力比多经济，以及梦的组织的资本主义的当前状态，这些梦都是力比多经济的工作室。在这个资本主义与工业的语境下，也就是说，电影为消费服务，最后导向电视，因此卡普拉把电影首先理解为一种成瘾："它很快地变成首要的荷尔蒙；它指挥酶素，号令松果体。"这个"药"可能是危险的，因为它可以取代，你身体和大脑本知道该怎样做的东西——生产内啡肽，如卡普拉所说，"就像吸了海洛因"一样。

因为这种药比你更能产生内啡肽，药让你"忘却"了怎样生产它。这可以在海洛因成瘾的人身上看得到。如果我们相信苏格拉底的话，这也是书写的问题。也如马克思所描述的，工业器官学生产了无产阶级，首先是让他们失去知识。在电影药和它形成的电视的"药"的例子里，它使消费者变得无产阶级化了，同时剥夺了他们生产"生活的知识"的能力，这些都是第一与第二认同的过程，它们构成了心理器官形成的条件，以及力比多能量的生产条件，这些都被短路了。

如果说电影是工业，这意味着它的模式和它的生产方法是基于一种生产消费的对立：根据阿多诺和霍克海默的观点，这种对立体现为先验想象的畸形外置化。但是，他们没看到，问题并不是外置化，因为它早已开始，问题是去象征的、去想象的、去个体化的文化消费主义的霸权所造成的短路，这些增强了刻板类型并压抑了创伤类型。

数码第三持存建立了新的工业器官学，它以新的方式提出了所有这些问题，由此可能有一种新的梦——正是在这里，我们必须关联起在法国实现的投影可能性，比如通过Super-8摄像机（如阿兰·雷乃在《莫里埃尔》(*Muriel ou Le temps d'un retour*) 中所展示的), 比如通过20世纪50年代的16毫米摄像机。

至于戈达尔在《电影史》(*Histoire[s] du Cinéma*) 中所说的, 在其《真实的电影史简介》(*Introduction à une véritable histoire du cinéma*) 中期待的一个计划, 他梦想的影片资料库如今在网上变为现实, 虽还未完全实现, 但不久以后, 在真正的意义上, 我们将能浏览影片并查阅它们, 这是基于影片的数码语法化所带来的条件, 正如时间线软件所预示的。对于戈达尔的梦想, 我们必须理解, 他的影片是直接并且完全地被这种梦想和它的器官学所支撑的。

这就暗示我们, 只要我们知道如何欲望, 如何做梦, 如何具体化数码的积极药学, 我们就可以寄希望于数码器官学。

在20世纪50年代末, 当戈达尔和《电影手册》的批评家们在做梦时, 当电影是梦时, 因为他们的梦是器官学地被电影所建构的, 所以这些电影爱好者 (戈达尔、特吕弗、雷乃等), 通过对新兴的器官学的政治的、经济的思考, 成就了电影的新浪潮, 这些思考正如费里尼在与一般的电影的关系中所进行的思考, 就像新浪潮的出现, 费里尼的电影并非源于一种器官学的因果性, 而是源于器官学的限制性, 也就是说, 一种药学的限制性。因此, 举例来说, 费里尼才在贝卢斯科尼式电视的背景中, 重新, 在梦的过程中, 思考墨索里尼式的幻觉的药学, 后者诞生了意大利电影。

在《电影手册》时期, 对16毫米摄像机的运用彻底改变了电影机器核心中的生产关系, 进而改变了电影制作者和观众的电影想象, 他们以一种结构性的方式变为爱好者: 电影-爱人。新浪潮的最显著特点即它的公众是由电影-爱人所组成的。如今这些电影制作者自己就是电影的爱人，手持16毫米摄像机，呈现着他们在35毫米摄像机里看见的景象。如果不成为电影的爱人，像新浪潮导演自己一样，是看不见（看不懂）新浪潮的电影的。

图20 费里尼《梦书》插图

　　《访谈录》的开头，费里尼处在梦的中段。这部影片展现了费里尼在他的草稿本上用笔记建造的梦。这里有个关于作笔记的问题：一个梦的器官学条件的问题，梦通过笔记被详细记下。如果梦不是这些日间残余（day-residue，在精神分析的意义上）的笔记的蒙太奇的话，它还能是什么？《访谈录》是一部清明梦，一种白日梦。一部一般意义上的作品、全集如果不是这样的一场梦，由人造物所制成，即由各种各样的转导客体所塑造，又能是什么呢？

在梦中，以异于主导的跨个体化方式，我在我自己之内跨个体化。这梦激活隐藏在刻板型之后的创伤型，这也正是任何好电影中所发生的情况。而且我做梦的能力是我行动能力的条件，后者和其他能力一样，被同一种器官学的能力和无能所限制。通过连接和配置器官，比如说大脑和膀胱作为内感知的来源，或者和耳朵一起作为外感知的来源（这些例子是弗洛伊德在《梦的解析》里所举的），通过一个给定的符号——它总是一个第三持存，也就是一个人造器官——器官学调动起白天所发生的现象（日间残余），如费里尼对自己从墨索里尼（意大利电影的开端）到贝卢斯科尼（电视的时代）的岁月的记忆所做的那样。

夜间的器官学不是白日的器官学。这个从黑夜到白天的通道，这个被在影院投射的工业化的梦以"日以作夜"[1]的技术所模糊了的差别，能导致创伤型的释放，但仍藏在刻板型的伪装下，这就把电影转变为"有害的愚蠢"[2]的政治权力——这些刻板型是刻板型的药学条件。在这特别的角度下，《访谈录》是典型。

我们能投射创伤型的投影机（如戈达尔所说），能基于我们的生产资料而社会化、跨个体化，基于生产资料也就是基于我们拥有的力量和知识的器官学——我们能让它生效。这种能力构成了政治

1　电影技术术语，指在白天拍摄夜景。参看弗朗索瓦·特吕弗导演的《日以作夜》（*La nuit américaine*, 1973）。——译注

2　Friedrich Nietzsche, *The Gay Science*, New York: Vintage, 1974, p. 328. ——原注

斗争的关键, 尤其是在数码持存时代所突现出的电影语境里。梦的生产资料的经济学提出了梦的 (想象的、象征的) 生产资料的所有权问题。《特写》中, 阿巴斯·基亚罗斯塔米讲述了侯赛因·沙仙安 (Hossein Sabzian) 的故事, 他发现自己因为, 用法语说, se faisait du cinéma (想自己拍电影) 而入狱, 意思是他陷入了自己的谎言中, 自己的电影里, 他梦想着制作电影。换句话说, 对于沙仙安, 他的电影中有两个维度: 他谎称的电影 (le cinéma qu'il se faisait), 和他无法拍摄的电影, 他没有机会去实现、去导演的电影。

基亚罗斯塔米拍摄了一部电影, 从而实现了沙仙安的梦想: 拍电影。基亚罗斯塔米解释沙仙安的行为, 表明他梦想着进入荧幕。但对我而言, 他的梦想实际上是站在摄像机后。沙仙安的梦想是制作电影: 他与戈达尔、雷乃或特吕弗有同样的梦。

《特写》揭示出, 这个梦想不仅是沙仙安的, 也是所有影片中的伊朗人的梦。而且穆赫辛·马克马巴夫 (Mohsen Makhmalbaf) 在自己的电影《电影万岁》中让伊朗人说出了他们的电影梦, 这是一部受《特写》启发的电影。

在《特写》里, 每个人都或多或少是电影-爱人。至于沙仙安, 一个穷光蛋, 失业的德黑兰居民: 即便他几乎吃不饱, 他还是设法找到资料, 购买了《骑自行车的人》的电影剧本的拷贝, 这是他最喜欢的马克马巴夫的电影。他太爱这片子了, 想要进一步研究它。在他的审讯中 (基亚罗斯塔米所拍摄), 我们看到他已经写剧本很久了, 而且他指控自己的父亲把他带到影院, 也就是把他带入激情, 怂恿他的激情, 这最终导致他入狱。

一个古老的理论说, 实际上, 技术的起源是梦, 这样理解的技术绝不能定义为因果要素，因为任何发明的原因一定是理念，通过理念，发明被梦想——也可以说原因是幻想或前摄。某种意义上，这也是巴赞和乔治·萨杜尔（Georges Sadoul）的主张。

索尼是电影和视听设备的巨型生产商，它已经把广告植根在这种技术起源的表征里。事实上，梦产生技术，技术本身又产生梦：梦和技术无法分割。马克·埃兹马在他的《电影的史前学》一书的开头处提到梦：他说虽然动物也做梦，但只有人类把自己的梦外化出来。

我同意他的观点，而且我相信这正是第三持存的形成方式。梦的外化，作为生产西蒙东在《想象与发明》开头处确切地称作发明的东西的能力，西蒙东把它定义为他所说的图像循环的第四时刻，以第三持存为前提，第三持存是元电影的纹迹化过程，即对这一元电影的具体化，但同时也是对元电影的改造。

在先前的技术与技术学的基础上，通过元电影对欲望所做的改造使技术的和技术学的投射与发明得以可能——各种形式的第三持存在特定条件下——我们所说的想象或理念的技术系统达到其极限时，就产生其他形式的第三持存。今天，我们自己就处在由模拟信号第三持存所产生的想象与理念的极限上，我们正在步入一个新的系统：数码系统。

我的意思不是数码系统的发明之所以发生是因为模拟信号系统已经触及其极限；我的意思是，我们所是的这种做梦的存在者，这种心智的存在者，本质上由它的梦与它的技术的共同进化（co-evolution）来建构。沙仙安的梦事实上是可能实际地达到的，它被梅德韦德金（Medvedkine）小组——与克里斯·马克（Chris

Marker) 一起, 被梅德韦德金自己所启发——实现了; 它也是贝桑松激进的工人设法实现的。

这些人虽并不完全是法国的沙仙安, 但某种程度上, 他们与他相似。在1967年极端的条件下, 一边罢工一边希望把资料库和电影并入工厂, 如保罗·赛博 (Paul Cèbe) 实际上在这些小组所做的, 并且在这些小组的倡议书中[1], 生产出接近器官学的梦的东西。1978年, 晚于梅德韦德金小组十一年, 戈达尔从印象与表达的关系出发思考电影: 电影[……]能让你对一个表达印象深刻, 也能让你表达一种印象; 这是同时的。[2]

这可以和西蒙东所说的图像的循环联系起来。[3]戈达尔也谈过图像的循环, 然而他从电影与欲望的关联中思考电影, 他通过电影性的发明来研究欲望的药学和器官学条件。

这些引言来自题为“真实的电影与电视史简介”的书, 戈达尔在书中使用的头几张图片 (在他的一些电影[反对来自电影史中的影片]所拍过的几场会议上, 他投影过这些图) , 就把影片与录像间的问题戏剧化地呈现出来:

1　可以说一切都始于一个资料库, 始于工厂核心处的资料库的政治意愿。当工人保罗·赛博试图打开位于贝桑松的罗地亚厂中部的资料库时, 他撕开一个缺口。从这里他获取了书籍、文化和其他融入工厂日常斗争中的其他形式的意识。赛博也热爱电影。他在巴黎朋友的帮助下, 组织了工人自导自演的电影。这个朋友名叫克里斯·马克。受邀导演有阿涅丝·瓦尔达和戈达尔等。”塞巴斯蒂安·洪吉尔,“梅德韦德金小组”, http://remue.net/spip.php?article1726。——原注

2　Jean-Luc Godard, *Introduction to a True History of Cinema and Television*, Montreal: Caboose, 2012. ——原注

3　在此我们应该提到, 戈达尔对钱币、图像以及路易十六的谈论, 都是关于在钱币上再现国王形象和这种做法在君主统治控制下的跨个体化过程中的角色。——原注

图21　戈达尔《真实的电影与电视史简介》插图

　　如果说戈达尔从16毫米和Super-8摄像机——对雷乃而言至关重要——的革命中突现出来；如果他以这种方式继续创作，结合不同种类的模拟信号第三持存，把它们相互组合起来（比如通过写笔记本、整理草图，比如我刚说过的与梦相连的笔记）；那么在1978年，Super-8摄像机和新浪潮诞生20年后，他就开始研究录像了：

　　　　人们应该用录像来写剧本，因为只有看过一个镜头才能帮助你决定如何拍摄它。[1]

　　戈达尔强调，电视可以用于看，但这时它也在阻止看。换言之，

1　Jean-Luc Godard, *Introduction to a True History of Cinema and Television*, Montreal: Caboose, 2012.——原注

146　人类纪里的艺术：斯蒂格勒中国美院讲座

它是一种药:

> 因为人人都有一台电视[……]电视已经让人们忘记它还可
> 以被用于看。[1]

　　他已经提出了从基于卤化银的模拟信号的电影向电子电影转移
的问题——同时强调了电影的药性维度，这让人想起拉普拉：电影
[……]使人提前意识到将要发生的巨大运动。正是在这个意义上，
它能预告疾病。[2]

　　数码可以也应该最终满足戈达尔的梦想，同时是电影资料库
和印刷工作坊，同样也满足了沙仙安的梦想，让人人都有可能拍电
影——所以数码提出了人类梦想的器官学条件和药学情况的政治，
这将是政治经济的核心问题。这意味着政治世界必须以此为动机，
但这又是不可能的：如果电影世界（无论是业余爱好者还是"专业
者"）没有在这个方向上动员起来的话。

　　马克思在《德意志意识形态》中指出，唯心主义（理念论）基于
一种倒因为果，它遗忘了理念产生时生产资料和生产关系的重要角
色——将这种幻觉比作视网膜上的倒置图像。对柏拉图而言，洞穴
是产生幻觉的地方——他建立理念论，主张必须走出洞穴，从而重
新定位阿多诺所说的日光（light of day）……简而言之，必须离开电
影院。而沙仙安、戈达尔、雷乃、基亚罗斯塔米……所有的电影业余

1　Jean-Luc Godard, *Introduction to a True History of Cinema and Television*, Montreal:
Caboose, 2012.——原注

2　同上。

爱好者，所有电影-爱人们——他们具体化了这一柏拉图描述过但没有任何方法看清其范围的元电影——则希望待在投影室里：站在摄像机后面。

　　这就是数码要害，这构成了元电影历史的新篇章，仍旧一片空白。

书写的屏幕

所有东西都可以作为屏幕。我们首先是出于这一原因和作为这一原因，才生活于屏幕中间的，也就是说，从某种角度看，我们从来如此。图腾和过渡性对象，以至于恋物都是屏幕，也就是说，隐藏起来的投射的支撑。

但是数码屏幕，例如三星，或者亚马逊和Netflix，这些屏幕都是电动的、电子的、光电子的，而且越来越多是触摸性操作的，现在既支持又封堵着未来的总体，因为它本身就是虚无主义的实现，同时也是唯一容许想象超越这种虚无主义的实现的东西。

因为它们成为了我所描述的数据经济的底层的支柱，托马斯·贝恩斯和安托尼特·胡芙华把这种数据经济分析为算法治理术，数码的屏幕同时支撑和阻碍了对未来的投射，这种投射，我将称之为负人类的负熵性存在 (être néguanthropique)：负人

(neguantropos)。[1]也就好像海德格尔所说的，我们都是我们自身，因为这种如我们这般的存在，存在在一起，在一起存在，现在我们都被熵所占据，我们作为所有屏幕上的货真价实的投射者，如戈达尔所说的，正在威胁着自己，好像索福克勒斯在《安提戈涅》中重点想要说的诡异者 (deinotaton)[2]。因此，这种处于屏幕间 (这是我们时代的特点) 的存在应当成为我在2015年春天对当代人类学批判的研讨会的主题：一种"负人类学"。

图22 儿童与屏幕

一切都正在变成屏幕，在这样的一个技术-逻各斯情境中："大数据"剥削我们在这些屏幕上生产的数据，这是一种由光的工业所引导的生成，也就是说，光速的工业，它构成了我与工业技术协会所称的光时的经济，它取代了碳时的经济，例如，高频率贸易的金融业，这一在各方面涌现、实现的书写屏幕的生成过程，同时构成了两种东西：

---

1 néguanthropique 是斯蒂格勒造了一个新词，这个词有三个含义：首先，它承接了列维 - 斯特劳斯在《忧郁的热带》一书末对人类学的反思，他提出或许那是一个 entropologie (熵学)；其次，它指出人类的存在是熵性的，所以是 antropique；另外，它也承接了物理学上对熵性的定义 (熵性或高越失序)，所以也有负熵性的意思。——译注

2 deinotaton，希腊文，意为"诡异中最诡异的"。在《安提戈涅》里，索福克勒斯描述人类为"诡异中最诡异的"存在。——译注

首先，它通过全面电脑化和自动化的系统构成一种威胁，这种系统利用屏幕传送和接收的痕迹，而屏幕构成了各种各样的界面：社交网络的系统、用户归档、智能型城市，等等，通过它们截取以疏导"大量的数据"，然后用实时的（光速的）密集计算的技术来开发所谓的大数据。

其次，书写屏幕的生成通过一种完全反思过的诠释学构成了一种更新注解，重新连结"妙评"的机会，更新那种曾经促成欧洲的文字共和国的东西，与之再次连接，它通过将争议作为它个体化的动态原则，可以构成了一个新的批判空间。

这些屏幕可以截取数据，因为它们既是书写的屏幕也是各种各样的"接收"：是讯息、娱乐、资讯、景观、阅读等的屏幕。这些都是互动的表面，它们构成了书写的屏幕和阅读的屏幕，然而在这些书写屏幕上的书写不全都是它们的拥有者有意为之，他们经常，或者说大部分时间都在参与这种自我-痕迹追踪（auto-traçabilité），但却浑然不觉。

屏幕（écran）和书写（écrit），因为叠韵的关系，有时可以把我们带到很远，有时则相反，让我们原地踏步。保罗·维利里奥（Paul Virilio）多年前便已将这两者对立。我在那个时候跟保罗·维利里奥有很多的交流，我知道得很清楚，他想要戏剧化他所相信的一种

图 23　"脸书在监视你"

根本的对立: 书写的差异化时间, 也就是书写作为延异, 与实时——那时候人们称之为"新技术"、计算技术和互动性, 在当时日常生活的各范围出现——对立。但这种互动环境的"新"很快地就被淡化了, 特别是在1993年4月万维网出现之后。

当维利里奥不断地去戏剧化这种对立时, 我却跟他持相反的意见。我当时相信, 至今也仍相信这种对立是很表面的。我将这方面的想法呈现在1987年于蓬皮杜的一个展览里, 它的题目是"未来的记忆"。

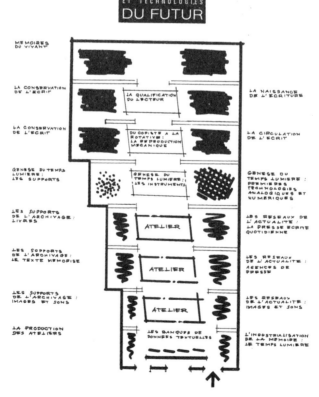

图 24 "未来的记忆", 蓬皮杜, 1987 年

我认为标志着21世纪的是书写屏幕的倍增，也就是说，与网络和数据库相联的屏幕，我相信它们很快将会变成视听的（而不只是书写的）。我同时也肯定阅读、书写和记忆，也就是说，在阅读和书写过程中所产生的痕迹（就像伊瑟尔所说的，以及超越他所说的）会进一步革命化工业社会，在展览的研究会里我也邀请了一些从事这项革命工作的研究员参与了讨论。

打从这个展览开始，我认为电脑以及它互动的屏幕，可以也必须成为一种诠释学的装置，这个装置建基于注解的技术和贡献性的编目技术，现在创新与研究所联同Pharmakon.fr、工业技术协会正在开发这些技术。

我们认为今天要在簇拥的屏幕中体面地、有尊严地生活，有一个好的生活，一种积极的生活（vita activa），或者在贝恩斯以及胡芙华所描述的算法管理术下好好地生活，这就要求我们抓住由这些屏幕许诺的一个新的诠释学时代，它们以网络的形式操作，成为数据经济强迫性的界面。然而，这些屏幕在现在这一刻，都只是熵性的，而非诠释学的元素——而非我所生造的词：负熵。

在这个纪元，这个世界的普遍的人类化（anthropisation）的纪元，形成了所谓的人类纪，其中有一个熵性的危险，这从对克里斯·安德森关于数据洪流以及谷歌开探数据的论述的深入分析中可以见得到。安德森的论述解释说我们不再需要理论和经验，这个我们可以跟格林斯潘在国会的辩护比较[1]，你们也可以在你们的屏幕上验证一下。

1　我在《自动化社会（卷一）：工作的未来》中有详细的分析。——原注

当苏格拉底通过塔穆斯的故事告诉斐多说,书写同时保存和威胁记忆,他其实可以说书写创造了记忆的屏幕,一个书写屏幕,一个基底 (subjectile),就像安托南·阿尔托所说的,以及德里达所评论的[1],一个基底 (hypokeimenon)[2],如果我们刻意扭曲一下这个希腊语的意思,一个实体: sub-stance (一个次体)。这个sub-stance,最后正是我所称的第三持存,更准确地说,一种语法化和导致失忆的第三持存,就像是人类第一批屏幕所表现出来的,也就是说,旧石器洞穴里石壁上的绘画。

马克·埃兹马认为这是电影历史的开始,它看起来跟柏拉图在《理想国》第七卷里描述的那一幕很接近。这种sub-stance,它有不可化约的药性。它作为屏幕的意义,首先是这种药性的sub-stance是构成所有屏幕的东西,所有失忆的载体,它同时出现和隐藏,揭示和遮隐,就好像赫拉克利特所说的,我想要称它为时代精神 (Zeit Geist),也就是说悬搁的

图 25 《机械头颅:我们所处时代的精神》,拉乌尔·豪斯曼,1919 年

(épokhale)、历史性的 (geschichtlich) 真理,它一直都是这些屏幕

---

1 Jacques Derrida, *Forcener le subjectile*, Paris: Galilée, 1986, p. 218.——原注

2 亚里士多德在《范畴》中将作为主体的实体 (substance) 称为 hypokeimenon。——译注

的真理，我想说的是这个时代的真理的屏幕，也是福柯所说的真理的制度 (régime de vérité) 的屏幕，它是一种对于真理问题的后尼采式理解: Alètheia[1]、去蔽，也就是说，作为跨个体化的意义。

如上所述，我认为今天，我们必须在各方面和各种维度来探讨数码书写屏幕，首先是从药理性的角度，从苏格拉底的角度，所有屏幕都可导致失忆，它遮隐，同时也引诱并让人做梦——这可能是最主要的部分。

所有这些意味着药让我们思考，而今问题在于对药本身的思考，因为它引起思考的同时也一样可以妨碍我们思考，这不仅仅是说——如尼采所肯定的，以及德勒兹所重复的——愚昧令我们思考，而且是在另一个意义上: 它不仅会妨碍思考，它甚至妨碍对思考之能力的培养，妨碍成为亚里士多德在《论灵魂》里面说的潜在心智 (noetic potential) 的可能性，只能通过间歇才通往思维行动的可能性，这种心智只能间歇通过行动成为现实的心智 (noetic actuality)，因为只有神能享受如此的特权。即是说，拥有永远都处在现实性中。

最后我想要论证给大家看的是，这个互动书写屏幕的时代，或者更普遍地说，数码第三持存 (屏幕是其主要的进路模式) 的时代，打开了一种另类的政治，召唤着对抗熵的斗争，这些熵也是由屏幕作为决策自动化的数码装置所造成的。除了对幼儿的神经突触生成的后果 (如齐默曼[Zimmermann]和克里斯塔基斯[Christakis]

1　希腊语，意为"真理"，海德格尔将其理解为"揭示"(Un-verborgenheit)。——译注

等人在期刊《Pediatrics》上所发表的分析[1]），我们也要阅读玛莉安·沃尔夫（Maryanne Wolf）对于大脑阅读科学的历史的研究。也就是说，大脑内化了书写屏幕，比如书籍，也可以是在莎草纸、羊皮纸、纸和像素等基底上所书写的，因为大脑既可读又可写。这个内化，需要十年到二十年的时间来有深度地实现，以形成一种如凯特琳·海尔斯（Katherine Hayles）所说的"深度注意力"。玛莉安·沃尔夫指出了大脑是一种有机的器官，也就是说，生物的，但它也有能力变成器官学的，也就是说，技术的，可以去组织化，也能彻底重新组织化，而这些要依靠给它印象和感受的屏幕。由此我可以说，大脑反过来成了一种"表达"。

乔纳森·克拉里（Jonathan Crary）最近出版了一本书[2]，里面他描述了一个由屏幕所包围起来的世界，这也标志了他所谓的24/7资本主义。通过摧毁所有的日期性（calendarités），特别是所有的间歇性，妨碍睡觉和做梦，引致一种无休止的精疲力尽，以及一个地狱——我相信这正是我所见到的。

贝恩斯和胡芙华认为在这种数码资本主义形式所建立的算法治理术中，作为一个痕迹的生产者——经常自己也忘了这个身份——譬如当他在谷歌的引擎上搜索，或者写下一则讯息，他所使用的互动系统已预期了他将要打的是什么字、什么词，也就是说，它抢先了。

---

1 Dimitri A. Christakis, Fredrick J. Zimmermann et al., 'Eerly Television Exposure and Subsequent Attentional Problems in Children', *Pediatrics*, 113 (2004)，pp.708-713.——译注
2 此书已有中译，即：乔纳森·克拉里，《24/7: 晚期资本主义与睡眠的终结》，许多、沈清译，北京：中信出版社，2015。——译注

这种"抢先"由各种各样的自动装置所操作，这些操作是基于利用网络的效用来做的用户归档、搜索器、社会工程，和超快速的算法来截取、引导，以及疏导这些痕迹，它的速度比起用户生产和归档的速度还要快。结果24/7的资本主义的书写屏幕产生了一种全新的光时的表演性，利奥塔和德里达都没办法想象，虽然德里达在《没有末日，不是现在》里面有触及这些问题。我想要指出的是这种抢先之所以可能，是因为它将理智的分析功能判给了电脑化的自动性，所以造成了康德及之后利奥塔所谓的理性的短路。

我尝试了指出范畴的先验演绎不能整合图式的问题，因为我认为，这是由第三持存的历史所生成的，而不是先验地构成的，我也想要指出，在图式的器官学特征里的问题是，图式是历史性地、增补性地产生的，这并不意味着它完全是经验的是后天的，它可以作为理性的屏幕。

在我们的时代，我们不只是在屏幕中间生活，而且是通过它们来生活。经由这些互动的书写屏幕，我们的持存和预存被表演性地以光速抢先了，构成一种绝对熵性的自动化的知性，也就是一种全去理性的知性。这也是格林斯潘在2008年10月23日所说的。[1]

我不会在这里仔细地重复贝恩斯和胡芙华的分析，以及我对他们的杰出的研究的欣赏和回应，但我并没有只是从头到尾地跟从他们的分析。这些我在《自动化社会（卷一）：工作的未来》里已做了。

1　2008年10月23日，美联储前主席艾伦·格林斯潘于美国众议院监管和政府改革委员会上首次承认其任期内的监管失败。美国证监会主席克里斯托弗·考克斯（Christopher Cox）表示，证监会2004年放宽了资本管制规则，并同意依靠计算机模型来评估投资风险，这个决策就相当于政府把监管功能外包给了华尔街的金融服务企业。

我现在会直接到重点，指出有另于他们和克里拉所描述的地狱或者恶梦的可能性。而这一点，我们必须重新回到安德森。

安德森在他的文章里指出，大数据的算法事实上将科学和实验方法都变得过时了。事实的意思是，算法比起科学家们预测现实的能力还强。但同时，它们也建立了一种基于事实的（de fait）表演性，摧毁了所有的法的（de droit）表演性，也就是说，摧毁了所有知识的权威——无论它的形式是司法上的、科学的、政治的、象征的，还是其他。胡芙华指出这种由算法治理术所造成的事实的状态，需要一种新的方法去思考法。如果我有时间的话，我想要演示这必须要超越福柯去思考。无论如何，我认为构成福柯所说的"真理的制度"这种法的状态，它预设了一种器官学的方法，不只是理论的，而且是实践性的，也就是说，它发展了新的器官。

蒂姆·伯纳斯-李，万维网的创始人，也是万维网联盟的主席，他说要梦想一个网的新时代，他称其为"语意网"：

> 在我梦想的网里，电脑可以分析所有网上的数据：内容、连结，以及人与人、机器与机器之间的沟通。可以容许这种能力的"语意网"还没有出现，但当我们实现这个时，日常的、商业的、行政的通讯将可以由机器来分析。这些我们一直都在说的"智能代理"将会出现。[1]

蒂姆·伯纳斯-李从一个更宽的角度来描述他所谓的"哲学工

---

1 Tim Berners-Lee, *Weaving the Web: The Original Design and Ultimate Destiny of the World Wide Web*, New York: Harper Collins, 2000, pp. 157-158. ——原注

程"，它跟所谓的网科学很相近。语意网的目的在于，以计算机模式来高度自动化资讯处理，来为我们这些智性的个体服务。但作为智性的个体，我们都是知识的存在，因此没有任何知识可以被简化为资讯处理（那只是知性的分析能力的一个延伸，但它没有理性），我们都是被我们的知识（生活、行动、想象）构成（也就是被个体化），因为它们服从公共的法则来构成集体个体化的过程，同时经过分支形成了跨个体化的线路（在概念场域内形成"范畴转移"、"科学革命"和"认识论断裂"），将标准的现行法则去自动化。[1]

语意网，因为它容许预先自动化处理资讯的超物质（它们构成了数码第三持存），所以无法产生任何知识。知识，总是分支的知识，也就是对非知识（non-knowledge）的经验，它可以通过影像的新循环[2]（也就是说，新的梦）在跨个体化的过程中产生新的回路，在其中才会形成知识。知识因此是负熵的：通过求知有去自动化的可能，但求知也内化一种自动化，知识通过这种自动化，成为反知识，也就是说，教条（它之所以是教条，是因为遮掩了教条的一面，也就是说，自动化[3]）。

蒂姆·伯纳斯-李的语意网项目所描述的，是一种自动化的全面外置化，它剥夺了它的使用者用这些网络对象来去自动化的可能性。这就是我们必须将这一语意网设计得与可以去自动化的诠释网

1　这些跨个体化的回路都是无限长的，因为它提供了理想化的和无限的相容性，在无限的集体化过程中，它保持无限的开放性：这是因为几何在结构上是无限的，如胡塞尔所说的"我们这些几何学家"也同样是无限的。这种知识的无限性对应于苏格拉底的回忆。要实现智性的个体化，心理个体在自身建立跨个体化的回路。——原注

2　如西蒙东在《想像与发明》一书中所说的。——原注

3　我们必须从勒让德的角度来分析，他称算法的自动化为教条。——原注（译按：皮埃尔·勒让德 [Pierre Legendre，1930—]，法国法史家、宗教史家、精神分析师。）

直接相连的原因，这种去自动化的诠释网建基于：

     1.一种社交网络的新的想象；

     2.一种注解的标准语言；

     3.诠释学的共同体，它们，在人类化过程的开端，由不同知识范畴所构成，并且作为负熵化的不同模式。

这种器官学的颠倒必须由欧洲来实现——万维网在那里发明，它有责任建立欧洲大陆的发展策略。欧洲必须设想这种策略作为对于全球性的算法治理术的各种解释之间的冲突，规划一个去自动化的自动社会，也就是说，一方面是可批评的(积极利用自动化的语意网)，另一方面是合乎欲望的，因为它促成了负人类学的分支。

这种颠倒，建基于一种高度心智的发明，必须是具社会性的，也就是说，它必须通过公共的研究和教学，生产出新的跨个体化的回路。这些想法正是创新与研究所策划的"数码研究网络"项目的一部分，我在《自动化社会(卷一)：工作的未来》中提出，并且会在卷二《知识的未来》里进一步阐释，同时也在2015年12月14、15日在蓬皮杜中心举行的"新工业世界论坛：我们想要的万维网"会议中讨论。

快感、欲望和默契

有一天，一群登山者登上了珠穆朗玛峰，征服了它，赋予它人性，庆祝它，但这一切背后的代价是队员的性命，以及痛苦，丢了手指，有可能掉下山谷（起码有两百个登山者为了登峰而丢掉性命了），这到底是怎么回事？

维基百科是怎样在几年内建立的？在那里你能够像我一样找到所有关于珠穆朗玛峰的资讯，包括不幸死去的和征服它的人，还有成千上万的由成千上万的使用者为了编辑这个条目通宵达旦留下的注解，这到底是怎么回事？

当一个五岁的小孩从城里到乡下，当他一见到树，他就想爬，但他见到山坡，又想爬，这到底是怎么回事？

同样可持续的快感背后都有一种升高。这就是我今天会说的。这也是西蒙东所说的"关键点"（points clès），也就是说，这些高峰标志着乔治·康吉莱姆所说的生活的技术形式，它也决定了亚里士多德所说的智性的灵魂（âme noétique）的构成。

我将尝试指出在界面这一范畴里，它构成了共同的空间与时间，有时甚至是大门、地方、高峰等，它们标志着在一起存在这个问题变得首要。为此我想要尝试与市场或营销在这个题目的主流意见对立——而电脑游戏则是提出这个问题的特别形式。

人类的快感是欲望的结果，欲望必然是一个升高的过程——或者用一个更清晰和准确的词来描述：升华。然而，毫无疑问，有人会指出有一种在倒退中倒错的快感。这是实情。这意味着愉悦界面 (pleasurable interfaces) 的问题是一个政治和经济的问题，这是升华的经济和倒退的经济，或者可持续经济，或者可丢弃的经济。

我们没有时间在这里处理升华里面败坏的问题；简单说一下，我们可以说升华是一种移位，里面构成一种败坏 (我在《资本主义的失神 (卷3)：信念丧失和信誉丧失》[*L'esprit perdu du capitalisme: 3. Mécréance et discrédit*] 里面有解释，这里面出现了一种败坏，这也是弗洛伊德谈恋物的时候所提到的)；因此，有一些退化性的升华的形式，同时也有此正面的变化 (也就是说，败坏)；我们不能将升华与退化对立：他们互相妥协。

几年前在一个关于"新对象" (也就是物联网) 的研究会里，丹尼尔·开普朗 (Daniel Kaplan) 指出，这些对象经过互联网直接沟通，它不再是说简单化界面就可以容易一点存取资讯系统。相反，它是要增加复杂性，也就是说，吸引力。简单化可以为股东带来收益是一回事；为了人类的利益而消灭复杂性，也就是说，默契和共同投入 (co-implication)，则是另一回事。也就是说，这两者是相反的。简单化，首先也就是无产阶级化，而知识总是可以将我们引向复杂性、复杂化和默契。

凯瑟琳·海尔斯 (Katherine Hayles) 指出了电脑游戏对青少年的吸引力在于，他们可以学到一些东西，它呈现了事物的复杂性或者对象之间关系的复杂性，相比于一个使用的对象，它更像是实践的器具。在游戏里，有一种可以自我改善、自我改变的可能性，就好像爬树或者登山一样。对于电脑游戏，有人认为这是由一种驱力 (也就是说，退化性的) 所转过来的。在某些情况下，这种改变打开了与其他正在改变中的人邂逅的空间。游戏变成了一个不只是复杂性的操作者，而且是默契：共同投入、复杂化、难度、验证，都有一种社会的维度。

这个默契正是查尔斯·雷内 (Charles Lenay) 与保罗·巴赫-伊-利塔 (Paul Bach-y-Rita) 实验室的研究人员关于盲人使用的感知的替换品的研究里的关键问题。雷内指出盲人并不是想要有一个可以简化他们生活的装置，因为他们想要的，是一个可以丰富他们生活的装置，也就是说与他"产生默契"(complicitate，我造了一个动词出来) 的东西，如果我们可以这样说。共同投入，产生了这种存在的基本维度，我们称之为熟悉性，它是情感的条件，亚里斯多德称之为philia (来自动词philein[爱]) ，而法语的complicite也是同义词。简单化生活，我们将见到，可以意味着贫乏化生活。

一个简单的感知替换品，就像保罗·巴赫-伊-利塔所用的摄影机 (通过触觉系统感知震动，专为盲人用户打造) ，不足以让一个盲人兴奋。它必须成为一种可以社会化的支撑，也就是说，一个让盲人可以共同个体化的机会——他们共有的不是残疾，而是一个必要的缺陷，他们需要这个缺陷，因为正是通过这个缺陷，他们得以共同使自己个体化，在这个基础上，他们的世界得以建构，其中的复杂性就是他们之间的默契，我们称这个世界为目盲的世界。这个必要的缺陷——那个目盲的世界的构建正是依赖这个特殊的缺陷——毫无疑问能够有上千种办法得以复杂化，盲人之间的默契也由此形成。

一个义肢，就像保罗·巴赫-伊-利塔所发明的摄影机，它用来容许盲人进入他们看不到的空间，而如果它所打开的世界，不是基于缺失所引起的默契(这里我们必须谈及意大利哲学家罗伯特·埃斯波西托[Roberto Esposito]的理论，以及他在《交融：共同体的起源与命运》一书中对过失[delinquere]的理解[1])，这意味着这个义肢不被采纳。我们可以适应并找到使用的方法，但是我们不能将它变成我们的东西：它不能成为一个经验的生活空间。使用而不被采纳，它成为了技术玩意，无法贡献使用者的个体化，而也出于这个原因使用者无法成为实践者。最后它只是工业历史垃圾桶之中的全球性垃圾的一员，以"负面的外置性"侵犯每个角落。所有人都在谈这个，但却没有几个人意识到它跟快感和欲望的问题的关联。

这些正是消费主义的目的，它要生产可丢弃的义肢，缺乏实际、没有默契、无法采纳，但它却制造了程序化和系统性的工业浪费，当中它们自我毁灭。一个生产默契的装置，创造了一种对文化的附属感，也就是说，在一个世界里，我们称一个对象是文化的，意味着它不是可随意丢弃的。这样的装置，也就是阿伦特所称的可持续性，带来的不只是快感，而是欲望，也就是说，一种上升经历的分享：也就是说，升华的装置。

快感的问题只是另一个更广的问题的其中一个维度，也就是

1　Roberto Esposito, *Communitas: Origine et destin de la communauté*, Paris: PUF, 2000.——原注

说，欲望的问题。

我们现在说的快感由欲望构成。我们可以有没有欲望的快感。但这是一种贫乏的快感，很多时候甚至是可悲的。换句话说，他所追求的欲望与快感只是驱力、本能、倾向或者爱好。

欲望通过满足的延迟（différemment）和延异（différance）将驱力转型。欲望正是弗洛伊德所说的力比多经济：由力比多经济所生产出来的能量。拉康所说的欲望是力比多经济的"产品"，也是它的推动力。鉴于这个产品是由转型所产生出来的能量，欲望不只在它的结果而且在它的转型过程当中——是幻想，这个词在这里不带负面意思：幻想是phainomenon，也就是说，现象。

力比多经济构成了循环中的欲望。这个循环是一个像情感、情绪一样的运动，也就是说，被感动了、被转化了，就好像社会循环一样，也就是说，好像默契、共同投入一样，这个运动也是如此构成了世界——这是西蒙东所说的跨个体。这个运动不只是心理的，它也是社会性的。欲望，因为是社会性的，就是对一个对象和在一个对象里的投资，这可以是性、知识、艺术、宗教等。它作为升华的物件，成为了社会结构的支撑。

这种力比多经济和它的循环生产了欲望，但是欲望并不一定带来快感：它可以产生痛苦。大多数时间，欲望之物带来了痛苦。一般来说，欲望之物不是我们可以得到的对象：它们距离我们很远，不可接触，无限，不可量度，它超过了我们，压倒我们。这也因此导致拉康说力比多经济是缺乏的经济。我不相信我们必须谈缺乏（manque），我认为我们毋宁去谈一个必然的缺失（défaut），缺失变成了满溢，达到过度：如法文所说的，le comble du défaut（缺失的巅峰）。一个高峰，一种升高，也是西蒙东所说的"关键点"。

登高，探险，以及其他先锋性的行动，是要参与自然所显示的关键点。爬着斜坡通往顶点，是要走到一个特别的地点，它号令着所有的山峰。登峰不是要主导它、占有它，而是一种友谊的交流。[1]

我们不能得到我们欲望之物，我们不能触摸它，当我们抚摸它的时候，它超过了这个简单的触摸，因为触摸是有限的，然而这个对象自身是无限的：我们不能拥有它，因为是它占有我们。这是为何抚摸，也是快感，可能也是痛苦：通过这个变更（altération），抚摸变成了缺失（défaut），他在它们之外，而且知道：当他想要握紧幸福时，却压碎了它。[2]

我们无法得到我们的欲望之物，是因为有些东西禁止了我们，它们同时也构成了我们的欲望，也是因为欲望之物在结构上是无限而且无法比较的。要不然它便不是被欲望，而只是被觊觎而已：这样它就仅仅是一个消费品。一个欲望之物是不能被消费的。这是为何它是不可以被计算的：当只有面对可以比较的单位时，我们才能计算。

我现在会回到界面以及欲望和快感的问题。我们在这里谈及的是人的快感——它经由欲望而来，我们的目的是问关于设计的问题，将界面当成快感之物来看，也就是说，可能成为欲望之物，或者作为欲望之物中的投资。

我指出如果我们想要这些特别的对象，也就是说，界面，作为

---

1 Gilbert Simondon, *Du mode d'existence des objets techniques*, Paris: Aubier, 1958, 1989, p. 166. ——原注

2 Louis Aragon, *La diane française*, Paris: La Bibliothèque Française, 1951. ——原注

通往欲望之物的装置，它给出了这种快感，它必须也要建立欲望。但这意味着，它也必然可以给出不愉快，或者痛苦，至少人们必须付出努力，而这也就是实践的所在，而不只是使用。

实践就是建立一个可操作的装置，而建立它的人经过它而个体化。这个个体化是将个体转化的过程：它自我产生，但这个自我产生是一种努力，也就是说，一种痛苦，它可以突变成快感。一般情形下，这个个体化的结果是，它同时也转变了它的个体化的环境——无论是这个实践装置，还是经由装置容许通往的对象，作为支撑物和实践对象。

我在这里想说的跟过去二十年来的人机界面的理论是完全对立的。自从苹果电脑应用了图像界面的理论，以及微计算机处理之后，在那个年代对于资讯工程来说的确是一场真正的文化革命。

苹果能与IBM对抗，是因为任何人可以在短时间内学会操作这个小机器。它销量好的原因是容易操作，将努力或者心机，也就是说，痛苦，降到最低。它取得了很大的成功，对计算机发展有很深的影响，然后是它用鼠标、屏幕、所见即所得 (wysiwyg) 的逻辑抛离竞争者。但我相信这个情况已不复存在了。

不是说这种想法有错，而是说，它变得很弱了：它或许无法避免，因此也是必须的；但它已经不够了，用英语的一种说法就是irrelevant (不再相关)。它只容许通往第一层，这在今天已完全肤浅了，而不肤浅的是复杂化和有默契的那一层，也就是说，共同投入，我更明确地说那是种共同个人化：只有这层令欲望的建构变成可能。然而这被灾难性的网络效果给取代了。

人机界面的理论基于简单化，它也成为营销的教条，根据先到先得的规律，这些系统必须尽快地占据市场（最常被引用的例子是 AZERTY 或者 QUERTY的键盘），它导致了一个无产阶级化的过程：柔软的、智慧的以及平滑的，但冷冰冰的。无产阶级化对我来说，指的是一个语法化的过程，它容许将知识外置到机器里，将它们形式化，并储存起来，使用者没有任何的可能性可以令它们进化，因此变成了系统的仆人，虽然他还以为自己是机器的主人。

一个通往快感的平面，必须挑起欲望。而要挑起欲望，它必须容许詹姆斯·P. 卡斯（James P. Carse）所说的"无限的游戏"。根据这个作者的说法，有两种游戏：有限的和无限的游戏。一个有限的游戏的目的是要赢，当他赢了，他就满足了。这种游戏带来了享乐，也就是赢和满足，它也提高了驱力快感。我们必须区分这种享乐，它的结构是可以耗尽的，所以是有限的，以及另一种享乐，它的结构是无限和不可量度的——它让我们接触康德所说的崇高。

有限游戏的享乐不通往无限，还有另一种游戏，当我玩的时候，我的目的是要创造出容许我继续玩下去的条件：

> 至少有两种游戏。一个可称为有限，另一个称为无限。
>
> 一个有限的游戏是为了输赢，一个无限的游戏是为了可以一直玩下去。
>
> 有限游戏的规则不变；无限游戏的规则必须改变。
>
> 有限的玩家在界限里玩；无限的玩家把玩界限。
>
> 有限的玩家严肃；无限的玩家活泼。
>
> 有限的玩家争权夺势；无限的玩家全力以赴。
>
> 有限玩家花费时间；无限玩家生产时间。

有限玩家渴望不朽；无限的玩家渴望不息。[1]

这不只是对游戏来说是正确的，对工具（outil）和器具（instrument）来说也如此，它们都是不同种类的游戏，它将规定怎么玩，或者引起新的规则的发明——这个界面正是一种工具或者器具。

总是会有那种情况，我们把一个无限的游戏玩成了有限的游戏。这是因为我们还不是一个好的玩家——或者说是差劲的玩家，也就是说，差劲的失败者：不知怎样输。因为在游戏中，就像柔道一样，那是失败或者跌倒的艺术，也是要赢和站起来的艺术。跌倒，当我们知道跌倒，也就学会了站起来。而跌倒了但不懂得站起来，什么也没有学会，那就退化到怨恨里头去了。

这些对象游戏，通常都是工具或者器具，它们容许通往两个不同的平面。首先是工具的平面，我要完成一个任务，当它完成了，我就去到另一个。这是海德格尔在《存在与时间》里面对于工具的描述，涉及"此在照料、操劳、烦神"（Besorgen，法语翻译为préoccupation[操心]）。操心，这意味着，不是我给了对象我的关怀或担忧，而是工具施加在我身上。

一个工具可以转化为一个器具，也就是说，一个装置和一个游戏，通过它我可以教化这个世界，同时教化我自己。举个例，锤子是工具，它可以在雕塑师手中成为器具，成为一种器具知识的媒介，或者做锅炉的，锅炉工匠本身就是演奏家（instrumentiste）。这个演

1　James P. Carse, *Finite and Infinite Games*, New York: Ballantine Books, 1987. ——原注

奏家在他的器具的实践里面找到了快感，这种快感超越了即时的工作，而通过雕塑的完成和打锤的方式延伸出去。

这些操作铁锤的专家，无论是雕塑家还是锅炉工匠，喜爱他的工作，他在工作中找到的是一个世界。这个世界是无限的，正是这种无限创造世界：无限，也就是那复杂的，与那个让它出现的人共同投入了，他与其他的玩家打开了一个默契的空间，好像科斯塔斯·埃克斯罗斯 (Kostas Axelos) 所说的"世界的游戏"。在这个世界的游戏里，埃克斯罗斯界定了他所说的中介的巨大力量：魔术、神话、宗教、诗、艺术、政治、哲学、科学以及技术。这些没有中心或者家……世界限制了它们的结构的游戏。这个非中心……不是一种缺乏或者丢失，而是游戏本身就是在找中心。[1]

在这个由铁锤打开的世界的游戏里，工具变成了器具，工作者辛勤努力——在法语里面我们用est à la peine来表示工作者的努力——要达到某些无限的东西，他是在劳作而不是被利用。这对无限的趋近转化了他的劳动，他的努力，以及他的痛苦，化为一种升华，通过这个过程他了解了世界里的一些东西，而同时，他教会了世界在世界里的某些东西：也就是说，他转化了这个世界。

在希腊文里，"工作"是ponos，意思是费力，我们都知道拉丁文的"工作"是trepanum，意思是折磨的器具。这种痛苦也是一个游戏，它可以被完成一个有限的游戏，于是它贫乏并越来越贫乏，操作着工具而无法像器具一样容纳任何世界；它也可以是无限的游戏，由此工具成为可以教化或引导世界的游戏，它自身成为建构欲望的

1　Kostas Axelos, *Le Jeu du monde*, Paris: Les Éditions de Minuit, 1969, p. 15. ——原注

器具: 一个世界的欲望总是将来的, 总是在不断地转变, 无限地开放, 成为一个由心理、集体和技术的个体化这三个过程构成的游戏。

今天, 人机界面, 特别是合作性和社交网络, 到了一个这些问题都成为核心问题的时候了。打造一个世界的欲望, 以及这个欲望内含的难度, 所产出的快感, 是这些数码世界的狂热者, 黑客 (Hackers)、技客 (Geeks) 和其他的贡献者所追寻的东西, 也是人机界面循环得以建立的东西。这个欲望的内容是很难达到的, 几乎是无法得到的: 它是无限的, 它指的是不存在的、有待到来的东西, 以及一直都还没有到来, 就像是在远足者面前的地平线一样, 然而正是这种不可抵达打开了远足的可能, 即这样的一个维度: 他可以远足, 并找到他自己的道路和生活的快乐。

依据卡斯的说法, 我们还要提出无限的游戏不同于有限的游戏, 它的规则不是有限的。这类游类产生了个体化的过程。人类个体化的过程总同时是心理的和集体的。在游戏这个例子里, 它是一个心理个体化的过程, 因为通过玩, 每个玩家都将改变自己并学会玩; 它同时也是一个集体个体化过程, 因为只有进入了游戏他才能玩, 大部分的时间他们形成对垒, 但也可以形成团队, 就像玩桥牌跟足球一样。即便是一个独自玩的游戏, 他人也是独自玩, 就像电脑游戏, 这两重个体化仍在其中。但只是相对如此: 我们可以想象单人游戏会引致一种完全的去社会化。在这个情况中, 玩家退回到没有欲望而只有驱力的快感。

所有这些意味着, 在一个游戏里, 有两种类型的规则, 它们也可以再分解为更多次类型:

1.有一些基本的规则，最重要的是所有的玩家都是会死的：这个规则对于所有的人类游戏来说是共同的，它产生了其他基本的规则，也是海德格尔所称的"存在"。也有另一种基本的规则。譬如说，它只有通过其他附加的规则才呈现出来（海德格尔称之为本体差异，也就是说，存在者的和存在论的分别）。这意味着，死亡并不是写在脸上的，而是通过一种社会实践呈现，通过一种附加的、人工的和文化的玩法与基本的规则互动。这个基本的规则并不适用于动物，有限的存在，会预期自己的死亡。动物会消失，但不会死。一只猫跟另一只猫玩，但它们不是人，不是会死的。这意味着，它们能有快感但没有欲望，也就是说，没有超我，而超我基于丧葬经验这些基本的规则都是哲学想要放到游戏里的，即便不是要"阐明"它们，至少是使之"产生默契"，从此出发产生新的附加规则。

2.也有一些附加的规则：所有的游戏都是基于历史性的，所以也是随意的规则，在费迪南·德·索绪尔所说的符号的随意性的意义上。但在这些随意的规则里，我们必须区分开行为准则的区域，社会习俗，参与者共同遵守的约定（con-venir），也就是说，有默契地来到一起（venir ensemble）。如果我喜欢象棋，每次棋子都只能移动一格，除非它要吃掉对手的时候，这就是一个我同意的规则，同时我的对手也同意：在游戏当中，正是这些规则让我们碰头，尤其因为它们将我们相互区别，也就是说，将我们分开。但也有其他的规则。例如，有些规则，通过它们，玩家可以同意一方用白子先开始，另一方用黑子（或者其他游戏当中会出现的规定），玩家必须同意遵守这些约定俗成。另外，也有一些规则, 我们称之为游戏的文学: 是由玩家撰写规则, 例如象棋里头的开局方式。这类规则形成了一种知识, 展现了不同的游戏风格。最后有一些规则, 是我在玩的过程里发明出来的, 这也是我自己的游戏, 它有我的风格, 有我的语法, 就像我的语言由我的惯用语在地化了, 以及心理上个体化了。这样的规律性将会在这些尝试中形成, 而其中有一些将失败——不只是因为它造成我的失败, 而且因为它不能教会我、我的对手以及其他参与者 (例如观众) 任何东西: 失败在它不产生任何跨个体化。

在游戏的历史上, 有好的比赛也有坏的比赛。一个好的比赛通过个体化将玩家无限化了, 而同时, 它也个体化他的对手 (通过一种反向个体化), 以及观众, 最后, 它在学问的角度也将游戏个体化了, 也就是说, 在这个社会里知道如何玩这个游戏。

但也有些不好的玩家: 他们只是想赢, 他们将游戏变得毫无生气了。这个玩家只顾着要从胜利中得到快感, 而忽略了游戏的快感强度化的可能性, 例如人们可以欣赏对手甚于自己, 由此学到东西这就是个体化他们自己。只被驱力所占有的玩家在玩的过程其实是在去个体化。

然而, 在我们的时代, 对于界面的设计仍然是偏向不好的玩家, 因为市场营销知道如何轻而易举锁定人们的驱力。虽然这些驱力的释放会改致去个体化——如果这个基本的规则是所有玩家都是有死之人的话。只偏于这些不好的玩家所标志着的享乐, 是否认了希腊人所说的aidôs, 也就是廉耻的问题, 也是光荣与谦卑的问题, 我称之为vergogne, 或者西班牙文 la verguenza。

尽管如此，新的实践还是跟着数码技术出现了，它生产了无限的游戏。这在一些免费软件以及维基的实践者那里显而易见，而这在越来越多由下至上的社会现像当中会越来越普遍。

这并不是说我们要让一切都以自我组织的方式出现。例如，我们必须将一些规则加在界面上，像象棋有六十四格、三十二棋子，怎样玩是不可以的，那些不可见但可阅读的规则定义：我们可以将象棋的规则详细地写在纸上。

然而所有人都知道不是懂了规则便会玩：知道怎样玩，是了解另一种规则，文化的规则，这是默契的规则。我们可以自己成为这些规则的创造者，在这个情况下，我们可以和其他玩家产生默契。这正是我所说的跨个体化线路的构成。

这种跨个体化的线路的产生是通过产生默契来让不明显的规则清晰化，以及通过去创造有默契的规则来形成有默契的时空：这个不明显的规则就是所有的玩家都是有限生命的。象棋存在了上千年，我们已不知道源头了，而这个游戏的持续性在于玩家彻头彻尾贡献了一切，从玩的欲望到伴随的文明。

下象棋很难，但我们得到的快感和它的难度成正比。同样，攀登珠穆朗玛峰也很难。作为产生"快感界面"的元素，我们可以列出：冰镐以及绳索，棋子以及六十四格，维基以及元数据，等等。正是这些元素支持了规则的运作，即功能，它容许形成更高级别的游戏，当中快感的形成是欲望的强化。

这样看来，快感的问题不在于界面而在于游戏，其中，清晰的附加规则容许发展新的有默契的规则，而界面通过已存在的有默契的附加规则，形成了一种知识和一种继承。这些继承的和发明出来的默契规则构成了基本的规则，它既是欲望的律法，也是内在的，即总是非意识的，连同附加的规则，构成了生产玩家自身的跨个体化的空间、时间和过程。

这里，游戏（亦即界面）的设计者，必须致力于一种"即将到来"，一种未来，这也是欲望最宝贵的成果：一种无限的"即将到来"。这样，设计者就不是为消费社会服务，因为为消费社会服务只以有限的游戏为准。

谢谢你们的聆听，以及你们的默契。

为一个负熵的未来

1. 自动化和负熵

这个演讲的内容，是基于我最近的书《自动化社会》中的一些结论。这本书关注的是随着数码化时代到来而出现的整体和普遍的自动化所引发的问题。书里，我提出了这样一个论点：算法自动化导致了工资劳动和就业的减退，因此它将造成生产收入再分配这一凯恩斯模式的消失，后者直到现在为止，一直是宏观经济系统的偿付能力 (solvabilité) 的条件。自从波兰尼 (Karl Polanyi) 在1944年描述了那个"大转型"[1]，这个转型已预见了我们今天所说的人类纪，一个巨大的转折正在我们眼前发生，但这个转折也给了我们一个另选：

要么，它导致高度无产阶级化 (hyperprolétarisation) 和普

---

[1] 卡尔·波兰尼，《大转型：我们时代的政治与经济起源》，刘阳、冯钢译，杭州：浙江人民出版社，2007。——校注

遍化的自动流向控制，造成结构上的资不抵债，以及熵的剧增；

要么，它让我们离开工业资本主义在过去二百五十年来施加在我们身上的无产阶级化过程，它通过一种网络化的思维的政治 (politique noétique) 让自动设备为去自动化的个人和集体能力服务，从而产生负熵能力的大规模发展——也就是说，让这些自动设备和系统去生产出负熵式的分枝 (bifurcation néguentropiques)。

当前正在进行的转折之所以这么巨大，既是由于效应产生的速度，也是由于这些效应所具有的全球性影响。所谓的"大数据"，是这一巨大的转折的主要样例，它所引领的全球化的消费将摧毁所有形式的知识 (生活知识、实践知识、理论知识)。

所以说，人类纪，实际上是一个熵纪，也就是说，是一个产生着大规模的熵的时期，而这恰恰是因为，原来的知识，正在被打散和自动化，这些知识现在已根本不再是知识，而是一些封闭系统，也就是说，熵性的。而知识是开放的系统：它总是包含着一种负熵性的去自动化的能力。当安德森宣布，在大数据时代，也就是他所说的数据洪荒里，理论将终结时，他犯了一个严重的错误，因为他忽略了这样一个事实：关闭一个开放的系统，将会导致那个系统的消失。

既然那是建基于无产阶级化和知识的毁灭，通过就业来重新分配生产率这个模型，本身也注定将要一起完蛋。如果想要在数码自动化的时代里达到宏观经济的偿付能力的话，我们必须构想和实施另一个再分配的模型。我们必须采取再分配的新标准，不能再基于劳动生产率。生产率, 在今天, 已只与机器相关, 而今天的数码机器, 已不再需要我们去工作或就业。

图26 工业生产过程自动化

黑格尔所说的雇农 (Knecht, 或译"奴隶", 来自黑格尔的主奴辩证) 的体力劳动, 也就是那种生产出负熵和知识的体力劳动, 在19世纪, 就已被无产阶级化的就业所替换, 被某种被迫屈服于机械的无产阶级所替代; 机械之所以是熵性的, 不光因为消耗油料, 还由于操作的标准化而令被雇者的知识丧失。这一知识的丧失, 到今天已普遍化, 甚至使前美联储主席格林斯潘局促不安, 正如我在《自动化社会》一书里所说的, 和他自己在2008年10月23日所陈述的。

人类纪是不可持续的: 它是全球性的高速和大规模的毁灭过程, 它当前的走向必须被逆转。我们应该以"负人类纪"(Néganthropocène) 这一说法, 去质疑和挑战人类纪这一说法, 也就是说，必须找到一个通道，逃出这一宇宙层面上的死胡同——这意味着，要跟从哲学家怀德海找到一种新的思辩式宇宙学。我们在演讲里不可能详细地发展这后面部分，但也许，我们可以在讨论部分展开。

我们要在负人类纪实施的经济的新的分配准则，必须建基于必须恢复的去自动化的能力。这种恢复，必须是经济学家森所说的"能力"，他把这些能力视为人类发展——也就是人种的个体化过程——的基础。

2. 知识、自由和能动性

森将"获能"（capacitation）与自由之发展相连，而自由，根据他的定义，总是既是个人的，又是集体的："个人自由是一种社会介入。"[1] 这样看，森仍然忠于康德和苏格拉底的视角。获能，就像自由一样，构成了经济动力和发展的基础："自由是发展的首要目的，也是发展的主要手段。"[2]

自由，在森的定义中，因而是能动性（agentivité，森用的英文词是agency）：行动的力量。森所列举过一个很著名的例子，消费主义如何让美国纽约哈莱姆的黑人居民（根据国内生产总值，他们算是富裕的了）丧失能力，因为相比于更穷苦的孟加拉国民，前者对生活期望还更底，而问题恰恰出现在纽约黑人的"能动性"上。

自由，是由知识构成的，因为知识是一种既个人又集体的能力，

1　Amartya Sen, *Development as Freedom*, New York: Alfred A. Knopf, 2000, p. xii. ——原注
2　同上。——原注

而这意味着: 自由是心理地和集体地被个体化的。正是在这一基础上, 森将国内生产总值的指数与人的发展指数对立。

我想通过不同的分析, 来扩展森的论点。我的这一分析会通向另外一些问题。尤其, 我们应该认真考虑下面这一问题: 心理的和集体的个体, 可以与自动设备发展出什么样的关系, 以便在现有的工业和经济系统里实现个人和集体的负熵性分支? 而这一工业和经济系统因为已被大规模地自动化, 正在走向封闭, 那我们该怎么办?

人类纪, 它也是一种"熵纪", 它实现了对所有价值的不可持续的均化的虚无主义, 以及一种强制性的"价值重估"的跳跃, 它产生了一种巴塔耶所说的"普遍经济", 而我在别处指出后者是一种对力比多经济的新的看法。我现在在这里描述的这一运动, 严格意义上讲, 无疑不是尼采所说的那种重估。相反, 我这是要邀请大家去思考失序和有序这样的问题, 去重读尼采。失序和有序, 在这个演讲的后面部分, 将被理解为: 生成 (devenir) 和将来 (avenir)。

3. 生成和将来

如果还有将来, 而不光是只有生成, 那么, 明天的价值将是负熵的, 它来自负人类纪中将到来的经济。生成与将来之间在实践和功能上的区分, 必须成为对这样一种经济的评价标准——只有这样, 我们才能克服构成人类纪的系统之熵。这一经济要求我们从人类学跳跃到负人类学 (neganthropology) 之中。这种负人类学必须基于一种我所说的普遍器官学和药学: 药, 是人工制品, 是人化的条件; 然而, 药既生产出熵, 也生产出负熵, 因此它总威胁着人化过程。

我们从这样一个角度提出关于将来的问题，是想要去弄清如何才能评估和测量负熵。这个概念，薛定谔（Erwin Schrödinger）称作负值熵（entropie negative），贝雷（Francis Bailly）和隆戈（Giuseppe Longo）称作反熵（anti-entropie）；负熵总是根据它的观察者来定义的（详见阿特兰[Henri Atlan][1]和莫兰[Edgar Morin][2]的著作），也就是说，它总是作为它所产生的某种本地性（localité）来被描述，总在一个或多或少是同质的空间里才产生差异（而这也就是一种负人类学总也是一种地理学的原因）。从一个角度看去是熵的，从另一个角度看可以则是负熵的。

知识，比如实践知识，就是知道怎样做以便我所做的不会崩溃，不会走向混沌；再如生活知识，也就知道怎样丰富和个体化我生活在其中的社会组织，同时它不会毁灭它；而概念知识（savoir conceptuelle），也就是知道怎样通过转变（bouleverser）我们的过去而去继承它，而转变意味着激活，这是苏格拉底所说的回忆，而在西方，它在结构上超出了它的本地性。无论什么知识，都是集体地定义在这一或那一人类存在场域的负熵的形式。

我们所说的非人类（inhumain），是对人类的负熵的可能性的否定，也就是说，是对人类的思维自由的否定，以及对其能动性的否定。阿马蒂亚·森所描述的自由和能力，必须从具有怀特海的"思辩宇宙学"的意思的宇宙性角度来理解，将它看作是构成了一种负熵的潜能——作为一种本地化的系统的开放能力，"人类"

---

1 Henri Atlan, *Entre le cristal et la fume*, Paris: Le Seuil, 1979. ——原注

2 Edgar Morin, *The Nature of Nature*, New York: Peter Lang, 1992. ——原注

总会自我封闭，如怀特海所说，人类总会败落成为非人。[1]原因只在于，那人类学的既是超熵 (hyperentropique)，又是负熵的：人 (anthropos)，是器官学式的，因而也是药学的，或如维农 (Jean-Pierre Vernant) 所说，人在其构成性上是很模糊的。

4. 列维-斯特劳斯所说的人类学作为熵学及其后

除了本地性之外，一个开放的、负熵的系统的特点，是其相对的可持续性——换句话来说，它的有限性。属于负熵的东西——习语、工具、机构、市场、欲望，等等——总是处于不可避免的败落过程。我所说的个人的文本 (idiotext[idio，一个人的、固有的])，我在后面将会定义 (这部分还未出版)，是一种开放的本地性，它被吞进另一更大的本地性之中，或被吞进一种我所说的巢式螺旋 (nested spirals) 之中，它们通过人在心理上将自己个体化，来一起生产出一种集体个体化的过程。在莫兰的《自然的自然》一书里，这是早就有线索的。但莫兰和阿特兰一样，忽视了人这一物种的负熵性的器官学层面 (也就是说，技术和工人的层面)。这一层面也是药学性的，也就是说，既是熵性又是负熵性的，因而需要不断的调解——这样一种操作既是知识也是治疗 (therapeutiques)。

一个个人的文本由多种趋势构成，这些趋势往往是高度药学性的，既是熵性的，也是负熵性的，因此，会构成一种动力，在其中，具形 (figures) 或图案 (motifs) 开始冒出。它们就是我们的期待，也就

---

1 Whitehead, *The Function of Reason*, Princeton: Princeton University Press, 1929, pp. 18-19. ——原注

是说，它使我们区分将来与生成之间的差异，并使这种将来与生成之间的分裂能够持久下去。知识正是通过编织这些具形和图案，才形成，成为一代人之中和几代人之间的跨个体化循环。

21世纪初，在声学与音乐研究中心，通过研究音乐学，我展示了这些趋势的构成，证明它们是由心身的生物（精神个人）、人造器官（技术个体）和社会组织（集体性个体）之间的谈判而实现。正是通过这一谈判的复杂性，普遍器官学的主要原则，才得以形成，成为一种药学戏剧（pharmacological drama），也就是说，总被翻新和重新提出来的相关问题：为何负熵性的胜利总会败落为熵性的垃圾？

这一观点，与列维-斯特劳斯《热带的忧郁》一书结尾的结论刚好相反。那里，他回顾到，"还没有人的时候，世界就开始了，世界结束时，人也将早就不在"，他还说，人在进行的是"瓦解事物的原初秩序，创造一个愈发惰性的强有力的物质性组织，而这种惰性将会导致一切终结"[1]。他还说：

> 自从人开始呼吸和吃东西，中间通过发现火，直到他发明了原子和热核装置——除了他忙于生育的那一会儿——人做的事情，无非是漫不经心将数以万计的结构解体，直至它们无法重新整合为止。[2]

因而，列维-斯特劳斯以罕见的激进提出了生成而非存在的问

1　Claude Lévi-Strauss, *Tristes Tropiques*, London: Penguin, 1976, p. 542. ——原注

2　同上，p. 543。——原注

题, 也就是, 提出了宇宙总体上的必然的短暂性这一问题, 也提出了由负熵过程本身所形成的那些本地要素, 总存在着熵加速的因素这一问题。

如果我们将列维-斯特劳斯的这一根本的虚无主义的命题当了真 (例如, 他写到, "人做的事情, 无非是漫不经心地将数以万计的结构解体, 直至它们无法重新整合为止") , 那我们就不得不忽视将我们与终结时刻 (fin des temps) 分隔开的时间。我们就不得不将这些时间视为虚无, 将其消灭, 废除存在于图案 (motif, 或动机) 之中的负熵 (因其短暂) : 我们就不得不将将来溶解到生成之中, 将它看作是无和空 (non avenu) , 也就是说, 看作是最终一直都不会发生的, 是没有未来的结果。我们也不得不作出结论说, 短暂的东西, 因为它短暂, 所以只是无 (rien) 。

真的, 这就是这位人类学家对我们说的话。我是将我自己看作一个负人类学家的。我对列维-斯特劳斯有两重反对:

一方面, 理性的问题 (我们理解它为分支的准因果力量[如德勒兹所理解的], 也就是说, 在一大堆事实之中, 去生产出一种构成法则的必然秩序) 总是"值得发生的"。[1]这是用另一种方式来描述怀特海所说的理性的功能: 让生存变成美好生活, 让美好生活变成更好生活[2], 也就是说, 要与静态的存活作斗争, 它只不过是所有生命形式的熵化趋势而已。而另一方面, 列维-斯特劳斯这一苦涩的和看透一切的诡辩, 严重地忽视了下面两个方面:

1　Gilles Deleuze, *Logic of Sense*, New York: Columbia University Press, 1990, p. 149. ——原注

2　Whitehead, *The Function of Reason*, Princeton: Princeton University press, 1929, p.5. ——原注

首先，作为"负值熵"的一般生命，一种负熵，只是从熵之中被生产出来，又总是绕回到那里：这是一种迂回（détour）——正如弗洛伊德在《超越快乐原则》谈快感时所说的，也正如布朗肖在《无尽的谈话》（L'entretien infini）中所说的。

　　第二点，技术生命是负熵的扩大（amplifiée）和双曲（hyperbolique）的形式，也就是说，它不光是有机的，而且也是器官学的，它生产出一种双曲的熵，而且，像活的生物，仍会回到熵，但却通过另一个迂回，它加快差异化和去差异化，速度在这儿构成一个本地的宇宙因素。

　　构成技术生命的这一迂回，是欲望，它也是一种无限化的力量。

　　列维-斯特劳斯的话，给了我们这样一个印象：人具有一种熵的本质，会毁灭一些本质是负熵的"创造"，在这里是"自然"：活的、丰沛的、茂盛的动物性和植物性。植物和动物的确是高度非惰性物质（所有的负熵都是如此）的有机排序，但所有生命活动的展开只能是通过自身去加强熵的过程：植物和动物所做的只是一种在生成过程中暂时和徒然的迂回。

　　通过消耗，以及分解列维-斯特劳斯所谓的"结构"，所有活的生物，都参与到某种熵的本地性增长之中，并同时更本地地生产出一个负熵的秩序。如果我们真的要将负熵与德里达所说的延异这一概念相联系的话，首先是关于经济和迂回的问题。如果我们可以说，延异是对持存和预存的安排，正如德里达在《论文字学》中所指出的；如果我们可以说，对于人类，也就是对于技术式、感知式存在者而言，持存和预存的安排都是被第三持存改造的话，那么，我们应当能够基于延异的概念，去重新定义经济和欲望（将其看作是通过这些转折和螺旋一样的迂回而形成的回路结构）。

不像那些纯有机物，被称作人类的存在是器官学的，也就是说，在两个层面上都是负熵（和熵）的：作为生物，也就是说，作为有机存在，它通过生育而产生有别于其进化源头的"细微差异"，而薛定谔称之为负值熵；而作为人工的存在，也就是说，人是器官学的存在者，它所生产出的差异已不只是"种"（espèce）而是"属"（genre）——而这就是西蒙东所说的心理和集体的个体化过程。

人工的（Artifices），是另种类的迂回，这些迂回多少是短暂的，就像以短暂命名的蜉蝣（éphémère，意为短暂），这是不多不少"没有原因"的，好像英国人喜爱的玫瑰本来就是人工的。[1]

而这些人工品，由于它们产生了工艺品、艺术作品，还有科学，也就能使它们自己无限化，并使它们的接受者，也被无限化，也就是说，超越人工品本身的目的性，将他们投射到一个永未到来的许诺的无限预存当中，只有如此才能看到没有差异的（indifférencié）生成的地平线。

你也许会反驳说，我对列维-斯特劳斯的反对，也就是说，负熵是器官学的，而不只有机的，它构成了我所说的负人类，这只意味着，器官学的东西只是加快了熵过程，也就是加速了终结的到来，因而缩短最重要的延异的时间。但这恰恰是误解了我努力想说出的东西。

无疑，速度问题，在热力学、生物学、动物学中都是关键问题。

1　贝特朗·波尼洛（Bertrand Bonello）正是以有机体的器官学紊乱展开《蒂雷西亚》（Tiresia）这个电影的。——原注

但在这里，问题是速度的政治问题，其中有各种对立的可能，但重要的是要知道安德烈·勒鲁瓦-古汉为了定义人化的动力时所说的"对时间和空间的征服"，到底是以什么方式、在哪里、在哪个层面上和多久地会增加或减少熵。我一直以来努力打造的这一"个人的文本"的概念，恰恰是为了不只是抓到问题（question），而且是将之理解为德勒兹所说的，一个难题（problème）。

数码已达到一秒二十万千米，或光速的三分之二的速度，比神经脉冲大约快四百万倍。在像人类纪这样一个异常的和不可持续的情形里，只有果断假定器官学的条件，也就是增强负熵，我们才能转变当前发生的技术矢量的速度，以及为自己争取到时间，也就是说，差异化，就此对工业经济的重估能使我们介入到这个负熵纪之中，帮我们从人类纪里摆脱出来。

如果包含了有机物的器官式生成的双曲负熵建立了一种负人类学，而这种负人类学加速了（熵的和负熵的）的生成，它仍能将这一加速转变成一个将来。这从两种意义上将生成这一动词差异化，如德里达在阐述延异这个概念时所指出的，它安置了一个将来（负熵的和负人类学的），构成了预存的无限化的形式，而后者是欲望之物，如个体化和整合的（心理、社会和技术的）要素，——做不到这一点，这个延异将仍只是形式上的而已。

正是思及这些问题——列维-斯特劳斯忧郁的陈述，以生成的概率式压倒了未来的不确定，从而将它们擦拭掉了——我们在今天才应该去重新阐释斯宾诺莎。

5. 思维的间隔与宇宙的炫富宴

器官学的存在能有目的地组织负熵的和器官学式的工作，这些工作，我们称作负人类的。根据他们进入心理和社会组织的方式，根据他们对于人类和负人类的能力的关怀的方式，他们可以不加分别地加快熵的爆发，也可以相反地将其差异化——构成这就构成了一种延异，西蒙东称其为个体化，这个体化，他与怀特海一样都认为是一个过程[1]。

我们这些支持负人类学计划的人，是将负熵理解为关怀的，一种出于关怀的经济。这一关怀的经济，不是一种简单的人为地改造世界的力量（当作主人和占有者）。这是一种药学的知识，构成了为负熵纪服务的一种负人类学，很像康吉莱姆所构想的生物学的功能：作为技术生命之中的关于生命的知识，也像怀特海在思辨宇宙学中所理解的理性的功能。

不消说，我们应该去理解和识别，"负人类熵"（néguanthropie）在进化过程不断出现的人类化（anthropisés）的环境中产生出来的"负外部性"（externalités négatives）。问题并不是要抵消负人类熵，而是相反，要通过培养一种正值的或积极的药学使人类化转为负人类化，而这种药学和在生成中的生命一样短暂，就像宇宙中所有的"存在"一样。这一关怀，是负人类学的要点，一直被列维-斯特劳斯忽视，因为他故意地忽视，并与安德烈·勒鲁瓦-古汉的思想保持距离。

---

1 在德里达死后十年，那一帮乌合之众"小德里达"教条们忽略的就是这个问题，在他们的信条之下，他们只能简单地指责我已经失去了一个处于人类中心论内部的差异视角。——原注

会出现这一情形，是由于列维-斯特劳斯式的人类学，是基于对勒鲁瓦-古汉所发现的器官学的压抑。列维-斯特劳斯也忽视了负人类学的问题，而负人类学问题本可以将他带到人类学之外去。这一对器官学的压抑，是与巴塔耶所设想的耗费概念相关的：

> 每次，讨论的意义都要看到底有没有用 (utile) ——换句话说，每次一提到触及人类社会的根本问题……就可以肯定：争论总是会走样，根本问题都会被回避。实际上，没有正确的方法……容许我们定义什么是对人类有用的。[1]

这里至关重要的是，"非生产性耗费"[2]，它跟献祭相关，也就是说，"神圣事物的生产……由某种关于丧失 (perte) 的操作构成"[3]。每一种丧失，都是在献祭、神圣化和庆祝某个比任何存在还更古老的缺失（我是这样阅读列维纳斯的）。在这具有原始缺乏的情形中，形成了一种思维的间歇，它只能作为并在负人类学式地构想的宇宙总体中，来思辩地投射自己，也就是说，必须作为在熵之中创造分支的知识和力量。

所有的思维的分支，也就是说，准因果分支，都来自一种宇宙的炫富宴，这炫富宴的确会毁灭大规模的差异和秩序，但同时也将一个巨大的差异，投射到了另一个平面上，构成另一个"数量级"

1　Georges Bataille, *Visions Of Excess: Selected Writings, 1927-1939* (*Theory and History of Literature* Vol. 14), Allan Stoekl ed., Minneapolis: University of Minnesota Press, 1985, p.116. ——原注

2　同上。——原注

3　同上。——原注

(ordre de grandeur)，来反对正在生成中的宇宙的失序，后者如果没有这种从未知中还未到来的投射，就只会沦为一个没有独特性的宇宙[1]。

耗费，尽管它是一种社会功能，直接地导致分离和反社会的行为。有钱人为穷人创造出了一个堕落和卑贱的范畴，并以此消费掉后者的丧失，使他们最后沦为奴役……现代世界接收了这从古老的奢侈世界中传下来的遗产，并将这个范畴留给了无产阶级。[2]

尽管如此，在这一被无产阶级化的世界，"富人"的耗费也仍然是贫瘠的：

被资本家拿来帮助无产阶级，并给无产阶级往社会等级的上方爬的那些耗费，只见证了一种无力——通过耗尽（épuisement）——将奢侈的过程推到尽头。一旦穷人的丧失完成，富人的快乐便一点一点地被掏空和中和：让步给一种麻木不仁的冷漠。[3]

---

1 关于那未知的，参看 Pierre Sauvanet, *L'insu: une pensée en suspens*, Paris: Arléa, 2011.——原注

2 Georges Bataille, *Visions Of Excess: Selected Writings, 1927-1939* (*Theory and History of Literature* Vol. 14), Allan Stoekl ed., Minneapolis: University of Minnesota Press, 1985, p.125.——原注

3 同上，p.126。——原注

当知识的自动化，也就是说去理论化的计算，构成了经济的核心，冒着自我否定的危险，在我的下一本新书《知识的将来》(*L'avenir du savoir*) 里，我将从知识型 (épistémique) 和认识论 (épistémologique) 的角度，回到这一题目。我们将讨论到：(1) 知识的将来这一问题，与工作的将来这一问题，是不可分的；(2) 知识的问题，应该被转译为一种另类的工业政治，只有这种政治，才能为法国和欧洲在生成之中定位，如将生成转变为将来。

6. 生成、将来和负人类学

我们关心的问题是将来——我们关心将来的工作、知识和一切由此而生的，因为将来并不溶解于生成。不溶解，就是不能被溶解 (dissoudre)，不能被解除 (résoudre)，而溶解意味着它的消失，也可以是我们消失。而这一可能的溶解，在法则上，则是不可能的：我们无权就这样解决自己。

列维-斯特劳斯无法体会这一区别：一方面，一种根本性的不确定 (因为在严格上、构成上的不可能，而有待到来)；另一方面，那最有可能的，因为它是统计上可确定的东西。

如果列维-斯特劳斯显然并不是没有意识到哲学里众多的论述，它们都肯定了在自然中，以及在自然跟前，自由和意志的超因果性。他在其中最终只看到一种熵的力量，这种力量加快了世界的衰落，而远不是产生差异化。于是，列维-斯特劳斯采纳了虚无主义的角度，而这种虚无主义在他之前七十年，尼采就已宣告了它的到来。

我们不可以就这样接受列维-斯特劳斯式的虚无主义者角度。我们不能也不应该接受将我们溶解于生为。我们不能，是因为这样做，意味着我们不再向我们的下一代许诺任何可能的将来；不能也不应该，是因为列维-斯特劳斯的推理是基于哲学自诞生以来一直压制思维灵魂，以及我们称为"人类"的负人类学层面，也就是说压制从"有机的"往"器官学的"存在的过渡。

列维-斯特劳斯提出，人类学应该被理解为熵学。但他绝没有考虑到由生命的技术形式所产生的那一负熵。是康吉莱姆指出了生命的技术形式，并且以之来描述思维灵魂，而思维（列维-斯特劳斯所说的人的"作品/工作"的生产者），正是其间歇的果实。

任何思维的作品，作为人类思维间歇的果实，在生成中产生了分支和独特的差异，无法被简化到它的法则之中（未必可能的，准因果的和"自由的"，如思想的自由、伦理的自由和审美的自由）。这里我们有必要读一下谢林。思维的工作也产生了药，这药会转而与它作对——这就是为什么启蒙会引致它的反面，也就是阿多诺、霍克海默以及哈贝马斯跟随韦伯所说的理性化。

在列维-斯特劳斯之前，瓦雷里、弗洛伊德和胡塞尔都要我们关注这一精神的双面性，这种精神，对于悲剧时代的古希腊人，就是他们的普罗米修斯、爱比米修斯和海尔梅斯的命运。但不像列维-斯特劳斯，悲剧时代的古希腊人，20世纪的瓦雷里、弗洛伊德和胡塞尔们，都没有否认思维及其器官学条件的负人类式的丰富性。

那些无法意识到由绝对的计算式资本主义所造成的虚无主义的人们，他们接了一种虚无主义，也就是说，失去了精神和心灵。这不只是因为这种资本主义已与其宗教根源断裂，将信念溶解到了这种可算计的信托之中，而且因为它利用"大数据"所依赖的关系型 (corrélationniste) 意识形态来摧毁所有的理论知识。

资本主义失去了精神，导致了精神和心灵彻底的无产阶级化。要与这一事实的状态 (état de fait) 战斗，去恢复法则的状态 (état de droit)，就必须给那使这一事实的状态可能的数码药开出新的法则状态的处方。它认清当前的药性条件，并且提供治疗的方法来形成一个新的知识时代。

列维-斯特劳斯的这一话语，是深刻地虚无的、绝望的，而且悲痛的——正因此，他并没有启示，也不理性。理性并不屈服于生成，因此它是自然的不同维度的统一体，也就是说，未必可能的统一体，因为它构成了"目的王国"[1]里所有目的的不定性境域 (horizon)，后者是我们声称为"一致性"(consistances) 的理解平面 (plan d'interprétation)。这些一致性并不存在，正如怀特海指出的：

> 理性，是经验中的一个因素，这一因素指导和批判着我们对于在想象中而不是在事实中实现目的这一冲动。[2]

理性是一个器官，正如怀特海所说，而这一器官组织着从事实向法则的过渡，也就是说，它要在事实中实现法则，而法则，是新的东西，是负熵：

1　"目的王国"(Reich der Zwecke) 一词来自康德，意指所有目的的总体。——校注

2　Whitehead, *The Function of Reason*, Princeton: Princeton University Press, 1929, p.5. ——原注

理性强调新意的器官。它向我们提供判断，通过这种判断，观念上的实现得到了强调，通过这种强调，观念上的实现就过渡到了目的的实现，因而也到达了事实上的实现。[1]

这些一致性都是内里未必可能的许诺，正因为如此，它欲望一种永远还没到来，也就是说未必可能的"负人类"[2]。这未必可能像是春天一样，在普遍破坏的冬天冒起，它也是我们居住的地球上的本地化宇宙，作为"两种主要倾向"的场地：

[……]物理自然的慢慢的败落[……那里]能量在减退[……然而]另一个倾向在春天出现，在自然周年性的复苏中，在生命进化的步伐里。[……]理性是历史中的创造性因素的自律。[3]

列维-斯特劳斯和他的熵式人类学中所缺乏的，正是这一自律。

1　Whitehead, *The Function of Reason,* Princeton: Princeton University Press, 1929, p.15.——原注

2　这是杰拉尔德·莫尔 (Gerald Moore) 打开的思路。——原注

3　Whitehead, *The Function of Reason,* Princeton: Princeton University Press, 1929, Introductory Summary.——原注

图书在版编目 (CIP) 数据

人类纪里的艺术：斯蒂格勒中国美院讲座 /（法）
贝尔纳·斯蒂格勒（Bernard Stiegler）著；陆兴华，
许煜译 . —重庆：重庆大学出版社，2016.11（2023.3 重印）
（腮红猫丛书）
ISBN 978-7-5689-0248-9

Ⅰ . ①人… Ⅱ . ①贝…②陆…③许… Ⅲ . ①技术哲
学—哲学理论 Ⅳ . ① N02

中国版本图书馆 CIP 数据核字（2016）第 262323 号

拜德雅·腮红猫丛书

人类纪里的艺术：斯蒂格勒中国美院讲座

RENLEIJI LI DE YISHU SIDIGELE ZHONGGUO MEIYUAN JIANGZUO

［法］贝尔纳·斯蒂格勒　著

陆兴华　许　煜　译

策划编辑：任绪军　邹　荣　雷少波
责任编辑：任绪军
责任校对：秦巴达
书籍设计：偏飞设计事务所

重庆大学出版社出版发行
出版人：饶帮华
社址：（401331）重庆市沙坪坝区大学城西路 21 号
网址：http://www.cqup.com.cn
印刷：重庆市正前方彩色印刷有限公司

开本：889mm×1194mm　1/32　印张：6.5　字数：140 千
2016 年 11 月第 1 版　　2023 年 3 月第 4 次印刷
ISBN 978-7-5689-0248-9　定价：38.00 元